Adolf Rothenbücher

Das System der Pythagoreer nach den Angaben des Aristoteles

Adolf Rothenbücher

Das System der Pythagoreer nach den Angaben des Aristoteles

ISBN/EAN: 9783744601191

Hergestellt in Europa, USA, Kanada, Australien, Japan

Cover: Foto ©Thomas Meinert / pixelio.de

Weitere Bücher finden Sie auf **www.hansebooks.com**

Das

System der Pythagoreer

nach den

Angaben des Aristoteles

von

Adolf Rothenbücher.

———— ∞∞∞◇◇◇∞∞∞ ————

Berlin.
Verlag von L. Heimann.
1867.

Meinem

hochverehrten Lehrer

Herrn Professor

D^{r.} Ad. Trendelenburg.

Inhalt.

———— —

I.

1. Darstellung der Principien.

Als ich diese Arbeit begann, hielt mein verehrter Lehrer, Herr August Boeckh, noch Vorlesungen; und vor seinem Tode schloss ich sie. Der Gegenstand wird dafür bürgen, dass nicht das Verlangen, gegen einen Boeckh zu sprechen, mich zur Abfassung und Veröffentlichung dieses Versuches bewogen. Aufmerksam gemacht wurde ich auf dieses Thema durch Herrn Prof. Trendelenburg. Sollten die aus Aristoteles gewonnenen Ansichten den von Boeckh im Jahre 1819 zu Berlin herausgegebenen Fragmenten des Philolaus widersprechen, so würde dadurch das Verdienst und der Ruhm jenes Werkes nicht geschmälert. Und er selbst wollte unter allen Umständen die Wahrheit und nicht den Inhalt von Fragmenten.

Nachdem die Bruchstücke fast aller andern Pythagoreer bereits für untergeschoben erklärt waren, hielt man, auf Boeckh's scharfsinnige Untersuchung gestützt, die des Philolaus noch für echt. Rose wies zuerst darauf hin, dass wir keine Ueberreste pythagoreischer Schriften hätten; und Zeller Phil. d. Griechen I. 269 not. 2 zeigte die Unechtheit eines Philolaischen Fragmentes. Aber erst Schaarschmidt trat in seinem Buche „Die angebliche Schriftstellerei des Philolaus etc., Bonn 1864" den Beweis an, das alle philolaischen Fragmente das Machwerk eines Fälschers seien und schloss die Abhandlung mit der Be-

1

merkung: „für uns nun bleibt die Quelle der Erkenntniss des echten Pythagoreismus fast allein Aristoteles, mit Hinzunahme höchstens der von dessen unmittelbaren Nachfolgern, wie Aristoxenus, gegebenen Nachrichten“. Derselben Ansicht ist jetzt, wie ich nach Abschluss meiner Arbeit finde, auch Ueberweg, Grundr. d. Gesch. d. Phil. I. 44. 2. Aufl.

Die in den Aristotelischen Schriften zerstreuten Notizen habe ich gesammelt und übersichtlich zu ordnen gesucht, wobei ich mich alles eigenen Raisonnements möglichst enthielt, um eine philologisch sichere Basis für die Kritik der Fragmente zu gewinnen. *) Selbst versucht habe ich diese an zwei grösseren Bruchstücken, einem archytäischen und einem philolaischen.

Aristoteles giebt im ersten Buche der Metaphysik eine Geschichte der Philosophie, und eingehender die Pythagoreer behandelnd, entwirft er I. 5. 985. b. 23. sq. die Grundzüge ihres Systems und äussert seine Ansicht, auf welche Weise es wahrscheinlich entstanden sei. „Da die Pythagoreer sich zuerst mit der Mathematik beschäftigten und durch deren Erweiterung selbst gebildet worden waren, glaubten sie, dass die Principien derselben die Principien aller Dinge seien; da aber in der Mathematik wiederum die Grundlage die Zahlen bildeten und sie in den Zahlen viele Aehnlichkeiten mit dem Seienden und Werdenden zu sehen vermeinten, mehr als im Feuer, Erde, Wasser, weil eine solche Zahl die Gerechtigkeit wäre, eine solche Seele und Geist, eine andere die rechte Zeit u. s. w., weil sie sodann die Eigenschaften und Verhältnisse der Harmonien als Zahlen betrachteten, hielten sie dafür, dass die Elemente der Zahlen die Elemente alles Seienden wären.“

---

*) Der griechische Text der wichtigsten Stellen ist im Anhang abgedruckt.

Hier stellt Aristoteles seine Vermuthung auf, aus welchen Gründen die Pythagoreer zu dieser Doktrin geführt worden seien, und dieser Ansicht werden auch wir folgen müssen. Eine Vergleichung der übrigen Stellen indessen lehrt dass sie selbst niemals die Aehnlichkeit der Zahlen mit den Dingen als den Grund ihrer Theorie angegeben haben. Die einzige Stelle, Met. I. 6. 987. b. 10, die diese Auffassung zu vertheidigen scheint, wird bald genauer besprochen werden. Aristoteles hingegen behauptet, dass sie die Zahlen für die Substanz der Dinge gehalten hätten, cf. Met. III. 5. 1002. a. 8; I. 8. 990. a. 21; XIII. 6. 1080. b. 16; XIII. 8. 1083. b. 11; XIV. 3. 1090. a. 20. de caelo III. 1. extr. Wir sind gewöhnt, die Zahlen und alles Mathematische als Verhältnisse und Eigenschaften der Dinge zu betrachten, welche an sich und ohne Stoff nur in unserem Geiste existiren; und dieser Ansicht ist auch Aristoteles, denn er sagt Met. XIV. 3. 1090. a. 29 ausdrücklich, dass die mathematische Verhältnisse nur an den Dingen sich befänden. Und man erkennt leicht, dass auch die Pythagoreer, besonders ursprünglich, bemerkten, dass alles Mathematische an den Dingen sei. Da sie aber ihr ganzes Leben in der Beschäftigung mit der Mathematik zubrachten und sahen, wie alles nach Mass und Zahl geordnet ist, und andere philosophischen Disciplinen fast gar nicht trieben, so leuchtet ein, wie sie dahin kommen konnten, anzunehmen, dass das Mathematische nicht nur an den Dingen, sondern ihnen zur Existenz geradezu nothwendig sei, wodurch überhaupt ihre Substanz definirt würde. Denn wie die vorsokratischen Philosophen das Princip in irgend einem Stoff suchten, Met. III. 5. 1002. a. 8, so nannten die Pythagoreer das, woraus die ganze Welt entstanden sei, die Zahlen Met. I. 8. 986. a. 16. Von welcher Bedeutung der Unterschied der Ansichten sei, zeigt Aristoteles Met. I. 8. 990. a. 7: die pythago-

reeische Philosophie sei geeignet gewesen, den Geist zu
dem höheren Sein, d. h. den Begriffen, zu erheben, nicht
blos an dem sinnlichen kleben zu bleiben. Denn da sie
geistige Principien aufstellten, so bereiteten sie zugleich
mit Anaxagoras (cf. Breier, Philos. des An. Berlin 1840,
p. 80 sq.) und den Eleaten die sokratische Philosophie
vor, welche die Erkenntniss brachte, dass Geist und Körper, Gedachtes und Sinnliches ganz entgegengesetzte
Daseinsweisen ausmachten. Diesen Fortschritt der Philosophie drückt Boeckh, Philol. p. 42 schön aus: „in der
griechischen Philosophie wurde ´das Wesen der Dinge in
aufsteigender Ordnung zuerst in der Materie, dann in
mathematischen Formen, endlich in Vernunftbegriffen gesucht." Indessen sind ihnen nicht blos die Dinge und
deren Materie Zahlen, sondern auch deren Eigenschaften
und Kräfte, πάϑη und ἕξεις, Met. I. 5. 986. a. 17; diese
Termini sind freilich aristotelisch, deshalb muss man sich
hüten, den Pythagoreern solche Begriffe, wie Aristoteles
damit oder wir mit dem Worte „Kraft" verbinden, zuzutrauen. Sie sollen nichts weiter bedeuten, als dass ihnen
nicht nur die Substanz, sondern auch deren Accidentien
Zahlen zu sein schienen. cf. Met. XIV. 6. 1092. b. 15.
Es tritt nun die Frage hervor, welchen Begriff sie
mit den Zahlen verbanden. Aristoteles unterscheidet nämlich drei Arten von Zahlen: ἀριϑμὸν εἰδητικὸν oder νοητόν,
μαϑηματικὸν oder ἀριϑμητικόν, αἰσϑητόν; Met. XIV. 3.
1090. b. 33—36; I. 9. 990. a. 32; Trendelenburg de
ideis et numeris p. 73. Die Bedeutung der ersten Art
ist hinlänglich bekannt; die dritte ist die mathematische
Zahl in irgend einem Stoff, d. h. eine Anzahl von stoff-
lichen Einheiten; Aristoteles spricht z. B. von drei Theilen
Feuer, wo er die Zahl 3 eine feurige nennt Met. XIV.
6. 1092. b. 19; dieser Ausdruck gehört offenbar dem
kritisirenden Aristoteles. Diese zwei Arten kannten die

Pythagoreer nicht, da Met. XIII. 6. 1080. b. 16 ausdrücklich erwähnt wird, sie hätten nur eine Zahl gehabt, die mathematische. Die mathematische und arithmetische Zahl ist aber, wie wir glauben und Aristoteles Met. XIII. 8. 1083. b. 16, aus gedachten Einheiten zusammengesetzt, cf. XIV. 6. 1092. b. 20. Aber wie ist es möglich, dass aus gedachten Einheiten, die keine Ausdehnung haben, die Dinge bestehen? Darauf antworten die Pythagoreer, die Einheiten hätten Grösse, XIII. 6. 1080. b. 30; ib. 19. Diese doppelte Natur der Zahlen lässt sich nicht begreifen. Entweder sind sie abstrakt oder sinnlich und ausgedehnt, und Aristoteles scheint es Met. XIII. 8. 1083. b. 11 unmöglich, dass die Dinge aus Zahlen bestehen, diese aber die mathematischen sein sollen. Er meint nämlich, diese Zahlen könnten nur sinnliche sein, wobei an die schon angezogene Stelle XIV. 6 zu denken ist, wo feurige und erdige Zahlen erwähnt werden, womit er bezeichnet, dass jede Zahl Zahl von Etwas sei, von Theilen oder Feuer, Erde u. s. w.; die Zahl also sei abstrakt oder mathematisch, dagegen die vom menschlichen Geiste gezählten Dinge sinnlich. Nun lernen wir aber aus Met. XIV. 5. 1092. b. 8, die Pythagoreer hätten nicht bestimmt angegeben, auf welche Weise denn die Zahlen die Ursache der Substanzen und des Daseins sein könnten. Der Grund ist einfach darin zu suchen, dass sie in ihrem Denken noch nicht Abstraktes und Concretes unterscheiden; denn während andere die Zahlen aus der abstrakten Einheit entstehen lassen, also selbst für abstrakt halten, nennen sie die Einheit das Element und Princip der Dinge, Met. XIII. 6. 1080. b. 30; X. 2. 1053. b. 9; III. 1. 996. a. 5. Es entgeht ihnen gänzlich, dass sie so Geistiges und Sinnliches verwechseln. Um dies indessen mehr zu begründen, muss ich noch einige Stellen beibringen. Met. XIII. 6. 1080. b. 15 heisst es: ἕνα, τὸν μαθηματικόν, πλὴν *οὐ κεχωρισμένον.* Dieser Gedanke lässt gar keine andere als die oben gegebene Fassung des Princips zu; denn wie hätten sie die darin enthaltene Contradiction übersehen können, wenn sie Concretes und Abstraktes, die körperliche Einheit von der gedachten durch eine specifische Differenz unterschieden hätten (die Worte sind freilich aristotelisch, der Gedanke aber pythagoreisch). Dasselbe Resultat ergiebt eine Vergleichung dieser Stelle mit I. 8. 990. a. 21; 989. b. 29: sie kennen nur die eine Zahl, aus der die Welt bestehe. Ich füge Met. I. 8. 990. a. 13 an: „Was die Principien anbetrifft, sprechen sie über die sinnlichen Dinge ebenso wie über mathematische (d. h. unterscheiden sie gar nicht); deshalb haben sie über Feuer, Erde und andere Stoffe nichts ausgesagt, weil sie, wie ich glaube, den sinnlichen Dingen keine eigenthümlichen Prädicate zuerkannten." Die Stelle zeigt deutlich, dass schon Aristoteles einsah, dass die Pythagoreer Sinnliches und Mathematisches vollständig vermischten und in der Sinnenwelt nichts als mathematische Verhältnisse erblickten. Daher bezeichnete Aristoteles mit vollem Recht die von ihnen mathematisch genannte Zahl mit dem Adjectivum sinnlich I. 8. 990. a. 32. Dass sie ihnen selbst dies aber, also körperlich nicht gewesen, lehrt I. 5. 986. b. 6, wo der urtheilende Aristoteles sagt: „sie scheinen die Elemente als (unter der Form der) Materie zu fassen. Es folgt, dass sie selbst es nicht gethan; sondern Aristoteles weiss ihre Principien nicht anders als unter seinen Begriff der *causa materialis* zu subsumiren. Das Wort *ἐοίκασι* zeigt, wie Aristoteles selbst schon im Zweifel gewesen, welche Meinung sie über diesen Punkt gehabt. Das Wahre ist, dass sie an den Unterschied von Abstrakt und Concret noch nicht gedacht. Sie stellen ihre Principien einfach hin wie Spinoza (cf. Trendelenburg, histor. Beiträge II. 48); wie dieser seine Definitionen nicht con-

struirt, obgleich er more geometrico ethicam demonstrare
will, so bekümmert es die Pythagoreer nicht, ob die
Dinge aus den Principien entstehen können oder nicht;
nachdem sie einmal die Grundbegriffe hingestellt, scheinen
sie ihnen durch sich klar und keines Beweises bedürftig.
In diesem Gedanken liegt der Schlüssel und die schwache
Seite des Systems. Einigermassen können wir ihre Ansicht verstehen, wenn wir uns erinnern, wie in neuerer
Zeit Locke behauptete, dass die primären Qualitäten ganz
so von uns aufgefasst würden, wie sie in den Dingen
sind, während die secundären nicht adäquat von uns percipirt würden. Die primären Qualitäten sind ihm nämlich
Ausdehnung, Gestalt, Zahl etc., mit einem Worte die
mathematischen Eigenschaften der Dinge. Durch das
Zusammenwirken dieser und unserer Sinnesorgane werden
in uns erst die Eindrücke secundärer Qualitäten, wie
Farbe, Ton, Geschmack etc., oder eigentlich diese selbst
in uns erzeugt. Also sind bei Locke die primären oder
mathematischen Eigenschaften das Constitutive, das Sub-
stantielle der Dinge; und insofern ist eine Vergleichung
mit den Pythagoreern gestattet.

Dem einfachen Satze, dass die ganze Welt aus Zahlen
bestehe, Met. 8. 990. a. 21; 989. b. 29, widerspricht nun
scheinbar I. 6. 987. b. 10, wo Aristoteles bemerkt, Plato
hätte die Dinge durch Theilnahme an den Ideen, die
Pythagoreer dagegen durch Nachahmung, μιμήσει, der
Zahlen erzeugt. Nach diesem Ausdruck könnte man versucht sein zu glauben, sie hätten den Zahlen eine selbst-
ständige Existenz neben den Dingen beigelegt. Dem
widerspricht durchaus das schon angeführte ἕνα, τὸν μαθηματικόν, πλὴν οὐ κεχωρισμένον. Brandis Rhein. Mus.
1828 p. 211 hat auf den Ausdruck der Nachahmung die
Behauptung gegründet, diese Gestalt des Systems habe
einer besondern Sekte angehört. Das ist aber unmöglich

bei echten Pythagorcern, die vom Platonismus unberührt
sind; denn damit wäre die ganze Philosophie in ihrem
Grundwesen umgestürzt, das eigenthümliche, die Identität
von Zahlen und Dingen wäre aufgehoben. Wir haben
vielmehr den Ausdruck μιμήσει ἀριϑμῶν dem Aristoteles
zuzuschreiben, der oftmals bei der Kritik anderer mit der
Schärfe seines logischen Geistes die Sachen darstellte,
wie sie sich wirklich verhielten, und nicht bei der Wieder-
gabe der von andern gebrauchten Terminologie stehen
blieb. Es erklärt sich ja der Ausdruck genügend durch
Met. I. 5, wo Aristoteles die Vermuthung vorträgt, dass
sie durch Wahrnehmung der Aehnlichkeit zur Behauptung
der Identität gelangt seien. Und das leidet gar keinen
Zweifel, wenn man die Stelle nicht aus dem Zusammenhange loslöst, sondern bedenkt, dass Aristoteles gleich
darauf bemerkt, die Pythagoreer trennten nicht, wie Plato,
die Zahlen von den Dingen. Hier kann also nicht von
einer besondern Sekte die Rede sein. Das ist aber allerdings der Fall bei einigen andern Stellen, die Brandis
l. l. urgirt. Indessen kann man Met. I. 5; Meteor. I. 6.;
I. 8; de an. I. 2 ohne allen Nachtheil übergehen, da
dort nur die Anwendung der Doktrin auf einzelne Dinge
vorgetragen wird. de caelo III. 1 kann man aber mit
Zeller I. p. 249 dadurch erklären, dass vielleicht nicht
alle Pythagorcer ihr System bis zu einer Construction des
Weltganzen ausgedehnt haben, welche Meinung freilich
Brandis, Geschichte der Entwicklung I. p. 168, zurück-
weist. Da nun die meisten und zwar die wichtigsten
Stellen von den Pythagoreern ohne Unterschied reden, so
glaube ich annehmen zu dürfen, dass darin die Ansicht
Aller dargestellt wird. Sollte aber Jemand noch meinen,
dass irgend eine Sekte erdige, feurige etc. Zahlen angenommen habe, so glaube ich, dass ausser dem Gesagten
schon diese zwei Stellen dagegen sprechen; Met. I. 8.

990. a. 16, διὸ περὶ πυρὸς ἢ γῆς ἢ τῶν ἄλλων τῶν τοιούτων σωμάτων οὐδ' ὁτιοῦν εἰρήκασιν, ἅτε οὐδὲν περὶ τῶν αἰσθητῶν οἶμαι λέγοντες ἴδιον; und der Anfang von Met. I. 5. lehrt deutlich, dass die Zahlen den Dingen mehr ähnlich sind, als Feuer, Erde, Wasser.

Obgleich sie nun nichts darüber sagten, wie aus Zahlen die Natur entstehen könnte, suchten sie doch ihr System auf andere Weise zu stützen. Die Elemente der Zahl sind nämlich das Gerade und Ungerade, von denen dies begrenzt, jenes unbegrenzt genannt wird, cf. Phys. III. 4. 203. a. 10; das Eins aber ist aus jenen beiden zusammengesetzt, denn es ist gerad und ungerad, Met. I. 5. 986 a. 15; die übrigen Zahlen sollen aber aus dem Eins hervorgangen sein.

Sowohl die Anzahl als die Bedeutung dieser Principien machen dem Erklärer Schwierigkeiten. Aristoteles sagt nämlich I. 5. 987. a. 13, sie hätten zwei Principien gehabt und an anderen Stellen werden auch nur zwei erwähnt, entweder πέρας und ἄπειρον I. 8; XIV. 3; oder πεπερασμένον und ἄπειρον I. 5. 986. a. 17; 987 a. 13; E. N. II. 5; an unserer Stelle werden aber drei erwähnt. Sie lautet im Zusammenhange so: οἱ δὲ Πυθαγόρειοι δύο μὲν τὰς ἀρχὰς κατὰ τὸν αὐτὸν εἰρήκασι τρόπον, τοσοῦτον δὲ προσεπέθεσαν, ὃ καὶ ἴδιόν ἐστιν αὐτῶν, ὅτι τὸ πεπερασμένον καὶ τὸ ἄπειρον καὶ τὸ ἓν οὐχ ἑτέρας τινὰς ᾠήθησαν εἶναι φύσεις, οἷον πῦρ ἢ γῆν ἤ τι τοιοῦτον ἕτερον, ἀλλ' αὐτὸ τὸ ἄπειρον καὶ τὸ ἓν οὐσίαν εἶναι τούτων ὧν κατηγοροῦνται, διὸ καὶ ἀριθμὸν εἶναι τὴν οὐσίαν ἁπάντων. Ausserdem dass hier einmal drei erwähnt werden, folgen unmittelbar nur zwei, aber abweichend von den übrigen Stellen: τὸ ἄπειρον καὶ τὸ ἕν. Es erhebt sich die Frage, ob eins von jenen drei im Texte zu streichen, oder der Widerspruch durch Erklärung wegzuschaffen ist. Das Erste ist leicht, da die

Codices E. S. T. B^b· C^b· E^b· καὶ τὸ ἕν nicht enthalten.
Thut man aber das, so entsteht eine andere Schwierig-
keit. Denn Aristoteles würde dann erst die zwei Principien τὸ πεπερασμένον καὶ τὸ ἄπειρον, in der nächsten
Zeile aber τὸ ἄπειρον καὶ τὸ ἕν nennen. Da nun bei
den letzten Worten alle Handschriften übereinstimmen, so
könnte man versucht sein, in dem vorangehenden lieber
τὸ πεπερασμένον auszulassen. Aber die übrigen Stellen
über die Principien verbieten das. Das erste καὶ τὸ ἕν
ist zuerst zur Erklärung von τὸ πεπερασμένον an den
Rand geschrieben und später von einem jüngeren Schreiber
in den Text gesetzt worden, weil er gleich darauf τὸ
ἄπειρον καὶ τὸ ἕν folgen sah. Denn wenn τὸ ἕν ursprünglich zur Erklärung von τὸ πεπερασμένον im Texte
gestanden hätte, so müsste es seinen Ort hinter demselben
haben. Die Sache verhält sich nun so: gegen καὶ τὸ ἕν
spricht Aristoteles selbst, da er nur zwei Principien bringen
will; es selbst wird an dritter Stelle gefunden und zwar
hinter τὸ ἄπειρον; endlich die Codices und unter diesen
der älteste und beste E., dessen Werth zuletzt Bonitz,
Aristotel. Stud. II. dargethan hat. Für καὶ τὸ ἕν zeugt
nur das folgende τὸ ἄπειρον καὶ τὸ ἕν. Da sie aber
dieselbe Reihenfolge zeigen, fällt auf das erste ἕν desto
grösserer Verdacht. Der mit der Pythagoreischen Philosophie
unbekannte Schreiber sah nicht, dass τὸ πεπερασμένον
und τὸ ἕν dasselbe bedeuten könne und deshalb Conciunität
der Aufeinanderfolge nicht nöthig sei, Aristoteles also
einmal schreiben durfte: τὸ πεπερασμένον καὶ τὸ ἄπειρον,
das anderemal τὸ ἄπειρον καὶ τὸ πεπερασμένον, oder
was dasselbe zu sein scheint τὸ ἕν. Damit also die
Stelle Sinn habe, scheint καὶ τὸ ἕν gestrichen werden zu
müssen.

    Es muss nun sowohl um das Vorige zu begründen,
als im Allgemeinen untersucht werden, ob τὸ πεπερασμένον

und τὸ ἕν dasselbe sind, was Ritter, Geschichte der
Pythag. Philos. p. 83 behauptet; Reinhold dagegen, Bei-
trag zur Erläuterung der Pyth. Metaphysik p. 36, läugnet.
Da diesen Begriffen überall τὸ ἄπειρον entgegengesetzt
wird, wende ich mich zuerst zu diesem. Es wird von
Aristoteles Met. I. 5. 987. a. 18; Phys. III. 4. 203. a. 10
Substanz, οὐσία genannt. Ist es nun eine körperliche
Substanz, wie Erde, Wasser u. s. w.? Dem widerspricht
Aristoteles, denn es würde nicht Subjekt, sondern Prä-
dicat sein und man könnte sagen: das unendliche Wasser.
Phys. III. 4: οὐχ ὡς συμβεβηκός τινι ἑτέρῳ, ἀλλ' οὐσίαν
ὂν τὸ ἄπειρον. Heben wir aber die Materie auf, so
bleibt nichts als die blosse Unendlichkeit. Hier könnte
Jemand an die sogenannte platonische Materie denken,
Tim. 52 A, und meinen, die Pythagoreer hätten mit dem
Unendlichen den leeren Raum bezeichnet. In diesen Fehler
verfiel Ritter, Gesch. d. Pythag. Philos. p. 107, verlockt
durch Met. XIV. 3. 1091. a. 15; Phys. IV. 3 etc. Dem
widersprechen die Stellen selbst. Denn wenn das Eins
den nächsten Theil des Unendlichen anzieht, so sind deshalb nicht das Unendliche und das Leere identisch; ebensowenig ist Phys. IV. 3 das Unendliche das Leere. Und
wenn wir Phys. IV. 6 lesen, dass das Leere in den
Himmel eintrete in Folge des unendlichen Hauches, gleich
als ob der Himmel das Leere einathme, so folgt auch
daraus nicht die Identität von τὸ ἄπειρον und τὸ κενόν.
Diese Ansicht muss ja falsch sein; denn gegen Aristoteles
Angabe würde das Unendliche zum Prädicat und das Leere
würde nur den unendlichen Raum bedeuten. Aehnlich
fehlte auch Boeckh, Philol. p. 98, wenn er das, was
ausserhalb der Welt ist, τὸ ἄπειρον nannte. Denn Phys.
III. 4 wird jenes τὸ nicht gelesen, der Begriff des Unendlichen wird also dort nur als Prädicat von dem ausser
der Welt Befindlichen ausgesagt. Auch Reinhold p. 32 sq.

urtheilt falsch über das Unendliche, der gestützt auf des Philol. Fragmente Ritter widerlegt: „das Unendliche ist das unbestimmte aber bestimmbare Mannigfaltige; der Zusammenhang mit dem περαῖνον als Einheit und Mass, die Bestimmtheit des Mannigfaltigen durch das Mass ist der Charakter des realen und sinnenfälligen Dinges, p. 33." Hieraus geht hervor, dass Reinhold unter dem Unendlichen die formlose Materie verstand. Nähmen wir das an, so würde ἄπειρον Prädicat der Materie. Diese Beispiele zeigen, dass sich das Unendliche nicht definiren lässt; und Aristoteles verbietet dergleichen Versuche, denn er lehrt, dass die Dinge aus Zahlen bestehen und in diesen Zahlen finde sich das Unbegrenzte und Begrenzte. Da aber diese Zahlen mathematische sind, also nur durch das Denken erfasst werden können, so wird das Unendliche so wie das Begrenzte nichts als etwas Gedachtes sein, was unter anderem Namen die beiden Klassen von Zahlen, geraden und ungeraden, bestimmt. Weil aber die Zahlen die Substanz der Dinge, ja diese selbst sind, so wird, was allen Zahlen gemeinsam, auch den Dingen gemeinsam sein; mit andern Worten, das Allgemeine des Unbegrenzten und Begrenzten oder Geraden und Ungeraden schien an Umfang und Bedeutung alle anderen Prädicate zu überragen, und deshalb wurde ihnen zugeschrieben, die Ursachen der Dinge zu sein. So tritt auch hier wieder die Vermischung des Abstracten und Concreten auf, indem das Allgemeine der Zahlen ohne Weiteres zur Eigenschaft der Dinge, und, wieder mit einem Gedankensprunge, zur causa rerum gemacht wird.

Eine Vergleichung der Stellen zeigt, dass Aristoteles abwechselnd πέρας und πεπερασμένον zur Bezeichnung des zweiten Princips gebraucht; hätten die Pythagoreer einen festen Terminus gehabt, so würde Aristoteles, der darin so grosse Constanz wie kein anderer beobachtet, gewiss

keinen anderen angewendet haben. Zweimal finden wir
πέρας Met. I. 8. 990. a. 8; XIV. 3. 1091. a. 17, und
dreimal πεπερασμένον I. 5. 986. a. 17; 987. a. 13;
E. N. II. 5. 1106. b. 29 ohne den geringsten Unterschied
in der Bedeutung. Wesshalb ich nicht verstehe, wie
Brandis Gesch. d. Entwickl. I. 169 behaupten konnte,
für πέρας setze Aristoteles auch πεπερασμένον und zwar
an den Stellen, wo er von concreten Dingen spreche.
Das ist schon nach E. N. II. 5 durchaus falsch: τὸ γὰρ
κακὸν τοῦ ἀπείρου ὡς οἱ Πυθαγόρειοι εἴκαζον, τὸ
δ᾽ἀγαθὸν τοῦ πεπερασμένου; an den übrigen Stellen wird
aber ganz allgemein von den Principien geredet. Dass
man aber für jene beiden Bezeichnungen auch ἕν brauchen
könne, lernen wir aus Met. XIV. 3. 1091. a. 13: „nachdem das Eins zusammengetreten war, wurde der nächste
Theil des Unbegrenzten von der Grenze angezogen und
begrenzt." Da aber vor der Entstehung der Welt ausser
dem Eins und dem Unendlichen nichts existirte, so folgt,
dass das Eins und das Begrenzte zusammenfallen müssen,
denn das Eins begrenzt ja hier, hat also die Grenze.
Ausserdem werden sich Met. I. 5. 987. a. 18 ἄπειρον
und ἕν entgegengesetzt, wo alle Codices übereinstimmen.

Das Unbegrenzte wird dem Geraden, das Begrenzte
dem Ungeraden gleichgestellt; und nirgends im Aristoteles
ist die Annahme begründet, dass das Begrenzte und Unbegrenzte die Principien des Geraden und Ungeraden
seien; ebensowenig das Gegentheil, was Boeckh Philol.
p. 56 behauptet: „betrachten wir, was Aristoteles von
den geraden und ungeraden Zahlen sagt, so ist offenbar,
dass diese nicht die Urgründe, das Unbegrenzte und Begrenzende sind, sondern dass das Ungerade begrenzt
heisst, welches von der Grenze zu unterscheiden, ist etwas
abgeleitetes, weil nämlich die ungeraden Zahlen nur durch
die Einheit, nie durch die Zweiheit gemessen werden;

und ebenso werden desbalb die geraden Zahlen als unbegrenzt angesehen, weil die Zweiheit sie misst, deren
Grund in der unbegrenzten oder unbestimmten Zweiheit
liegt: inwiefern jedoch jede gerade und ungerade Zahl
schon eine bestimmte ist, sind sie alle als der Einheit
theilbaftig begrenzt." Reinhold p. 46 billigt diese Ansicht; ich muss ihr jedoch folgendes einwenden: zuerst
ist es bedenklich von einem begrenzenden Princip zu
reden, da mit Ausnabme von XIV. 3 nichts davon in
Aristoteles gefunden wird; sodann ist das Ungerade nicht
früher als das Begrenzte; das Begrenzte wird nicht von
der Grenze unterschieden; endlich ist der Begriff der unbestimmten Zweiheit nicht Pythagoreisch sondern Platonisch.

Aus welchen Gründen die Pythagoreer das Gerade
mit dem Unbegrenzten, das Ungerade mit dem Begrenzten
identificirten, lässt sich aus Aristoteles nicht entscheiden.
Es wird zwar Phys. III. 4. 203. a. 10 eine Erklärung
gegeben: καὶ οἱ μὲν τὸ ἄπειρον εἶναι τὸ ἄρτιον· τοῦτο
γὰρ ἐναπολαμβανόμενον καὶ ὑπὸ τοῦ περιττοῦ περαινόμενον παρέχειν τοῖς οὖσι τὴν ἀπειρίαν· σημεῖον δ'εἶναι
τούτου τὸ συμβαῖνον ἐπὶ τῶν ἀριθμῶν· περιτιθεμένων
γὰρ τῶν γνωμόνων περὶ τὸ ἓν καὶ χωρὶς ὅτε μὲν ἄλλο
ἀεὶ γίγνεσθαι τὸ εἶδος, ὅτε δὲ ἕν. Weder ältere noch
neuere Commentatoren erklären die Stelle so, dass sie
auf das was sie beweisen soll passt; cf. Simplicius p.
362. a. 16 sq. ed. Brandis; Zeller I. 253 not.; Prantl,
Text und Uebers. d. Physik 489; was Weisse zu der
Uebersetzung p. 392 sq. vorbringt, ist unverständliches
hegelsches Geschwätz. Auch darf man sich nicht wundern, dass alle sich nutzlos mit der Erklärung abgemüht,
da das Zahlenbeispiel gar keine gerade Zahl erwähnt,
von der etwas bewiesen werden soll. Denn wenn γνώμονες
nach Simplicius l. l. ungerade Zahlen bedeutet, so ist
blos von dem Eins und anderen ungeraden Zahlen die

Rede, woraus nicht gezeigt werden kann, dass das Gerade
den Dingen Unendlichkeit verleihe. Warum sie aber das
Gerade das Unendliche genannt haben mögen, erklärt
Zeller I. p. 253 so: „sie setzten das Ungerade dem Begrenzten, das Gerade dem Unbegrenzten gleich, weil
nämlich jenes der Zweitheilung eine Grenze setzt, dieses
nicht." Ob dies der Grund war, kann man nicht wissen.
Es ist jedenfalls verständig und einfach.

Nach all diesem bleiben wir über die Natur der beiden Principien im Unklaren, auch lässt sich keine über
ihnen stehende Einheit erkennen. Vielmehr bleiben die
Pythagoreer in den Schwierigkeiten des Dualismus befangen, dessen Spuren man noch in der platonischen und
aristotelischen Materie findet. Obgleich die Materie hier mit
Widerstandskraft begabt wird, so ist sie nichtsdestoweniger,
da sie bei beiden von aller Form entblösst sein soll, denn
auch die erste Materie des Aristoteles ist dies, ganz ebenso
wie das pythagoreische Unbegrenzte durchaus nichts, noch
kann sie gedacht werden, wie sehr auch die Interpreten
sich abmühen; um etwas zu erzeugen, bedarf es eines
zweiten Princips, der Form oder der Ideen oder Gottes.

Ich gehe zu dem Eins über, das Met. I. 5. 986. a. 17
gerad und ungerad genannt wird, was seine doppelte
Natur andeutet. Da es hier heisst: τὸ δ'ἓν ἐξ ἀμφοτέρων
εἶναι τούτων, so muss das Eins aus dem Geraden und
Ungeraden entstanden sein. Denn wie Zeller richtig bemerkt, sind die Begriffe des Geraden und Ungeraden vor-
sichtig von den geraden und und ungeraden Zahlen zu
unterscheiden. Aus der Eins sollen die übrigen Zahlen
entstehen. Da nun das Eins, was ich zu zeigen versucht,
dem Unbegrenzten entgegengesetzt wird, so bedeutet es
dasselbe wie πεπερασμένον. Hier aber soll es aus dem
Geraden und Ungeraden entstanden sein, also das Begrenzte und Unbegrenzte in sich enthalten. Der Wider-

spruch lässt sich so lösen. Insofern es selbst erzeugt ist, ist es aus den beiden entgegengesetzten Principien hervorgegangen. Weil es nun aber selbst Princip der übrigen Zahlen wird, welche ebenso nur aus Gegensätzen entstehen können, tritt das Eins auf die eine Seite und zwar die des Begrenzten, weil es schon die Grenze enthält, die sich im Unbegrenzten nicht findet.

Schon früh hat man den Begriff des ersten Eins missbraucht. Aristoteles hat nur eine darauf bezügliche Stelle XIII. 6. 1080. b. 20: „die Pythagoreer erzeugen den ganzen Himmel aus Zahlen; wie aber das erste Eins, τὸ πρῶτον ἓν, mit Grösse ausgestattet, habe zusammentreten können, vermögen sie nicht anzugeben.“ Wenn nun Jemand das erste Eins von dem mit dem Begrenzten gleichen Princip unterscheiden und mit Gott identificiren will, so verbietet das Aristoteles. Wenn er XIV. 3. 1091. a. 13 von dem zusammengetretenen Eins das ἄπειρον anziehen lässt und aus Zahlen alle Dinge bestehen sollen, so ist offenbar das bei der Entstehung der Welt thätige Eins, aus dem sowohl die Dinge wie die Zahlen hervorgingen, zeitlich das erste Eins und weiter nichts als die erste Zahl oder das πεπερασμένον. Und dass Aristoteles ἔχον μέγεθος hinzufügt, wird wol genügend hindern, es mit Gott zu identificiren, denn von der pantheistischen Ansicht, dass Gott Grösse habe, also körperlich sei, findet sich bei Aristoteles über die Pythagoreer nichts. Uebrigens ist diese Stelle im besten Einklang mit I. 5. 986. a. 19, wo Aristoteles sagt, das Eins sei aus dem Geraden und Ungeraden entstanden. Woraus die Zahl Eins entstanden, gaben die Pythagoreer also sehr wohl an; aber wie das mit Grösse begabte Eins unserer Stelle entstehen könne, d. h. wo die Grösse Ausdehnung Körperlichkeit des ersten Eins und der Zahlen überhaupt ihren Ursprung habe, das scheinen sie nicht sagen zu können. Dass die Pythagoreer zwischen dem πρῶτον ἕν in metaphysischer Hinsicht und einem abgeleiteten nicht unterschieden, geht aus XIII. 8. 1083. a. 20—31 hervor. Aristoteles widerlegt dort die Platoniker, die zwar keine Ideen annehmen, aber dem Mathematischen ein Sein zuschreiben und die Zahlen als das Erste von allem Seienden, als ihr Princip aber das Eins an sich betrachten; und findet es ungereimt, dass zwar ein gewisses Eins als das erste von allen Einsen sein soll, nicht aber auch eine Zweizahl die erste aller Zweizahlen. Hätten die Pythagoreer ein erstes Eins in irgend welcher Gestalt statuirt, so hätte er sie gewiss nicht unerwähnt gelassen, zumal er gleich darauf ihre Ansicht widerlegt.

Endlich sei hier noch bemerkt, dass man sich hüten muss, das Begrenzte als actives, das Unbegrenzte als passives Princip zu fassen, was aus Phys. III. 4. 203. a. 10; Met. XIV. 3. 1091. a. 15 geschlossen werden könnte. Aber man muss bedenken, dass sie nichts über den Ursprung der Bewegung, noch über die Möglichkeit derselben, wenn nur die beiden Gegensätze existiren, gesagt haben Met. I. 8. 990 a. 8. Die Bewegung galt nicht als Princip, wesshalb es mir zu weit gegriffen scheint, von einem activen und passiven Princip zu sprechen, was schon an den Timaeus Plato's erinnert.

Von dem fundamentalen Gegensatz des Geraden und Ungeraden erheben sie sich zu dem allgemeineren Satze, dass alle Dinge Gegensätze umspannen, die dann auf den ersten Gegensatz zurückgeführt werden konnten. Das Böse gehört in die Reihe des Unbegrenzten, das Gute in die des Begrenzten, E. N. II. 5. 1106. b. 29; I. 4. 1096. b. 5; Met. XIV. 6. 1093. b. 11. Sie ordneten gewisse Begriffe so in zwei entgegengesetzte Reihen, dass sie nicht nur das Gute, sondern mit Erweiterung des Begriffs, von zwei Dingen das Bessere, das Stärkere u. s. w. auf

die Seite des Begrenzten stellten. Die Tafel der 10 Gegensätze steht Met. I. 5. 986. a. 15:

Grenze	Unbegrenztes
Ungerades	Gerades
Eins	Vielheit
Rechtes	Linkes
Männliches	Weibliches
Ruhendes	Bewegtes
Geradliniges	Krummes
Licht	Finsterniss
Gutes	Böses
Quadrat	Rechteck.

Die Meinung, dass die Tafel Kategorien enthalte, ist von
Trendelenburg, histor. Beitr. I. 201, widerlegt worden.
Die Pythagoreer scheinen nicht mehr Gegensätze angewandt zu haben, denn Aristoteles sagt Met. I. 5, Alkmaeon,
der, als Pythagoras ein Greis, im Mannesalter gestanden,
habe nicht genau angegeben, welche und wie viele Gegensätze er annähme, die Pythagoreer aber hätten die Anzahl
und die Namen derselben genau bezeichnet. Uebrigens
fügt Aristoteles hinzu, entweder hätten die Pythagoreer
von Alkmaeon oder dieser von jenen die Gegensätze
empfangen, woraus hervorgeht, dass er selbst die Quelle
nicht kannte. Auch lässt sich nicht entscheiden, ob die
Tafel von den Pythagoreern oder Pythagoras selbst her-
rührt, da Aristoteles immer von allen Pythagoreern spricht.

Zunächst ist die Harmonie zu behandeln, die in den
Fragmenten des Philolaus eine wichtige Stelle einnimmt,
von Aristoteles aber nur nebenbei erwähnt und nirgends
als Princip bezeichnet wird. In den meisten Büchern über
Pythagoreische Philosophie wird die Harmonie entweder
geradezu Princip genannt oder doch als identisch mit den
Principien behandelt. Ritter, Gesch. d. Pyth. Phil. p. 156
sagt: „Die Einheit erscheint als das gemeinsame Band

aller Dinge, und da Entgegengesetztes nur durch Harmonie verbunden werden kann, so ist auch die erste Einheit als Harmonie zu denken, welche in der ganzen Welt ist." Von der ersten Einheit haben wir schon gesprochen. Ueberweg, Grundr. d. Gesch. d. Phil. I. 29. „Philolaus sieht in den Principien der Zahlen die Principien aller Dinge. Diese Principien sind: das Begrenzende und die Unbegrenztheit. Sie treten zur Harmonie zusammen." Aristoteles lässt uns fast ganz im Stich. Siebenmal wird allerdings der Name der Harmonie mit den Pythagoreern verbunden; aber Pol. VIII. 5; de an. I. 4; de caelo II. 9; Met. XIV. 6. 1093. a. 14 steht nur das nackte Wort, z. B. die Seele sei Harmonie; über den Begriff wird nichts hinzugefügt. Soviel indessen geht aus jenen Stellen und aus Met. I. 5. 986. a. 3 hervor, dass sie die ganze Welt sammt allen Theilen und Eigenschaften Harmonie und Zahl genannt haben. Wollte man daraus schliessen, dass die Harmonie neben der Zahl als Princip gegolten habe, so zeugt Aristoteles dagegen, der immer nur die zwei Principien des Begrenzten und Unbegrenzten anführt. Met. I. 5. 985. b. 31 deutet indessen genügend an, in welchem Verhältniss die Harmonie zu den Zahlen stand. Zwei Gründe werden dort beigebracht, wesshalb sie die Zahlen für die Principien gehalten hätten:

a. weil sie behaupteten, dass eine gewisse Zahl die Gerechtigkeit sei, eine andere Geist und Seele etc.,

b. sodann, wo die Begründung durch ein Participium Präsentis eingeführt wird, weil sie in den Zahlen die Eigenschaften und Verhältnisse der Harmonien erblickten.

Daraus ist klar, dass sie die Harmonie auf die Zahlen als auf ihr Princip zurückführten; und das war nothwendig, da die Zahlen das Princip alles Scienden, folglich auch der Harmonie sein soll. Indessen dürfen wir an der Hand des Aristoteles wol noch einen Schritt weiter gehen. Met. I. 5. 986. a. 3 heisst es nämlich: τὸν ὅλον οὐρανὸν ἁρμονίαν εἶναι καὶ ἀριθμόν; der ganze Himmel sei Harmonie und zwar Zahl, d. h. insofern er Zahl ist. Wenn nämlich die Harmonie nichts anderes als die Verbindung von Entgegengesetztem ist, so kann man sie bei den Pythagoreern nur als Vereinigung der entgegengesetzten Principien denken, welche nach dem Erörterten die Zahl ist. Die Harmonie scheint nur die Zahl zu sein, ein anderer Name für dieselbe Sache, freilich insofern an den Dingen Uebereinstimmung und Ordnung percipirt wird; aber wir haben gesehen, dass auch die Eigenschaften Zahl genannt wurden; wesshalb sollte also die als Harmonie gefasste Relation verschiedener Dinge eine Ausnahme bilden? Und wenn das ganze Himmelsgebäude Zahl ist, so kann es nicht zugleich etwas Anderes sein; mit demselben Rechte heisst es Zahl oder Harmonie. Diese Harmonie ist ohne Zweifel von der musikalischen Harmonie zu unterscheiden, in welcher die allgemeine Harmonie in concreto, in Tönen erscheint. Es zeigt sich auch hier, wie gesund und klar der griechische Geist war, der alle Begriffe auch durch sinnliche Bilder veranschaulichte und keinen reinen Gedanken wie die Neueren kannte. Im Uebrigen soll nicht geläugnet werden, dass die Pythagoreer wahrscheinlich von der musikalischen Harmonie ausgehend zu einer weiteren Anwendung des Begriffes fortgegangen seien. Es versteht sich von selbst dass die Pythagoreer die Unterscheidung von Allgemeinem und Besondern noch nicht machten, obgleich sich die Sache so verhält. Denn es wird doch Niemand behaupten wollen, dass sie z. B. die Seele als eine Harmonie von Tönen gefasst haben, oder dass überhaupt nur die musikalische Harmonie angewandt worden sei. Denn auch die Harmonie der bewegten Himmelskörper lief gewiss

neben der Harmonie des Himmelsgebäudes her, die in der
Ordnung und den Umlaufszeiten bemerkt wird. Es ist
also die den Himmel beherrschende Harmonie eine, sowie
die Welt eine Zahl ist. Und hier ruht der Keim zu dem
Gedanken, dass die Welt ein Ganzes bilde. Wenn schon
der griechische Geist seinem Wesen nach dahin strebte,
überall anschauliche einheitliche Bilder zu entwerfen, wie-
viel mehr musste den Pythagorcern eine solche Einheit
sich aufdrängen, die selbst wagten einen zehnten Himmelskörper zu erdichten, nur um die Dekade nicht un-
vollständig zu lassen. Freilich ist ihnen der Gedanke
eines organischen Ganzen noch fremd; aber hier scheint
der Ansatz zu dieser platonischen und aristotelischen Vorstellung zu liegen. cf. Plato Tim. 30 C; Aristoteles Met.
XII. 10: ἡ τοῦ ὅλου φύσις .... πρὸς μὲν γὰρ ἓν ἅπαντα
συντέτακται. Und eine Abnung davon lässt sich auch
bei den Pythagorcern nicht verkennen, wenn sie die Welt
wie ein Thier athmen lassen.

Damit wäre der Abschnitt von den Principien beendigt.
Es bleiben jedoch noch einige Punkte zu erörtern. Zunächst nimmt das Leere eine eigenthümliche Stellung ein,
das zwar nirgends Princip heisst, aber doch einen ähn-
lichen Charakter an sich trägt. Phys. III. 4. 203. a.
wird das ausser der Welt Befindliche unendlich genannt,
und Phys. IV. 6. 213. b. 22 steht: es gäbe ein Leeres,
und dieses trete in das Himmelsgebäude in Folge des
unbegrenzten Hauches, den jenes einathme; es trenne die
Dinge, gleich als ob es eine zusammenhängende Reihe
zerschneide; zuerst aber finde es sich in den Zahlen, denn
es trenne deren Natur (d. h. deren Einheiten). Die bei-
gebrachten Stellen scheinen nun diesen Gedanken zu ergeben. Das ausserhalb des Himmels Befindliche und das
Leere sind identisch. Jedoch umfasst es nicht die Gegen-

sätze, aus denen das Himmelsgebäude besteht; sondern
wird erst beim Eintritt in dasselbe von der Grenze die
hier ist begrenzt; vorher ist es nur unbegrenzt. Denn
dass das Leere und das Unendliche nicht dasselbe sind,
ist schon oben bemerkt worden; es tritt also nicht etwa
mit dem Leeren erst das Unbegrenzte in den Himmel ein.
Deutet doch schon der vom Himmel eingeathmete unbegrenzte Hauch hinreichend an, dass das Princip des Unbegrenzten ihm bereits innewohnt. Uebrigens zeigt Aristoteles Phys. IV. 7—9, dass es kein Leeres geben könne;
seine Argumente hier anzuführen, würde zu weit führen,
zumal sie nicht blos gegen die Pythagoreer gerichtet sind.

Zum Schluss ist noch einiges über Gott zu sagen,
der sowol in Fragmenten als in neueren Schriften öfter
erwähnt wird. Im Aristoteles finden sich nicht die geringsten Spuren, wenn man nicht Met. XII. 7. 1072. b. 30
dahin verstehen will. „Die Pythagoreer behaupten, dass
weder das Schönste noch das Beste in dem Princip sei;
dies beweisen sie damit, dass auch die Principien von
Pflanzen und Thieren zwar Principien sind, das Schöne
und Vollendete aber nicht in jenen Ursachen, den Keimen
und Samen, sondern in den aus ihnen entstandenen Dingen
sich finde." Man hat die Perfectibilität Gottes den Pythagoreern zugeschrieben; cf. Ritter, Pythag. Phil. 149 ff.,
Geschichte d. Phil. I. 398 ff. 436; unsere Stelle sagt
nichts. darüber. Reinhold p. 72 sq. hat sie gemiss-
braucht, um den Pythagorern die rein aristotelischen Begriffe von Potenz und Aktus unterzuschieben. Aristoteles
nämlich widerlegt die Pythagoreer durch jenen bekannten
Satz, dass der Samen von einem früheren und zwar voll-
kommenen Dinge stamme, und nicht das Frühere der
Samen, sondern die entwickelte Sache sei; cf. de part.
an. I. 1. 640. a. 25; Phys. II. 7. 198. a. 24; ib. VIII.
9. 265. a. 22: πρότερον δὲ καὶ φύσει καὶ λόγῳ καὶ

χρόνῳ τὸ τέλειον μὲν τοῦ ἀτέλους, τοῦ φθαρτοῦ δὲ τὸ ἄφθαρτον. Reinhold zieht noch Met. X. 1—10 an, wo nachgewiesen wird, dass allem Potenziellen ein wirklich existirendes ursprüngliches Princip zu Grunde liegen müsse, und führt dann p. 73 so fort: „Die Pythagorcer hatten aber insofern die entgegengesetzte ontologische Ansicht, als sie die Priorität der Möglichkeit dem Begriffe nach annahmen. Die Möglichkeit, d. h. das Zum-Grunde-liegen der beiden einander entgegengesetzten Principien, durch welche die Gottheit wirken kann, ging für sie, wol zu merken κατ' ἐπίνοιαν nicht aber zeitlich, der Wirklichkeit vorher, d. h. dem Sein des Weltganzen durch die vermittelst der beiden Principien wirklich thätige Gottheit. Beide Partcien, Aristoteles und die Pythagoreer, stimmen darin überein, dass sie das Wirklichsein für vollkommener halten als das Möglichsein und dass sie in jenem das Schönste und Beste erblicken. Aber sie weichen in dieser rein ontologischen Bestimmung von einander ab, dass die Pythagoreer die Priorität der Möglichkeit, dem Begriffe nach, setzen, während Aristoteles der Wirklichkeit die Priorität, sowohl dem Begriffe als der Zeit nach zuerkennt." Man sollte kaum glauben, dass es möglich ist, die Begriffe von Potenz und Aktus, die noch nicht einmal dem Plato bekannt sind, den Pythagoreern zuzutrauen. Sodann darf man geradezu läugnen, dass sie die Möglichkeit dem Begriffe nach für früher gehalten hätten. Dazu war die Unterscheidung von Dingen und Begriffen nothwendig, die sie nach Aristoteles noch nicht vollzogen hatten. Denn Aristoteles sagt ausdrücklich mit Hinblick auf die Pythagoreer Met. I. 6. 987. b. 32: die Philosophen vor Plato hätten die Dialektik nicht gekannt, und die platonische Einführung der Ideen in die Wissenschaft sei dadurch hervorgerufen worden, dass er in Begriffen speculirte. Dagegen könnte Reinhold vielleicht einweuden,

dass sie jene Unterscheidung unbewusst geübt hätten.
Sie behaupteten aber, wie oben gezeigt ist, dass in Wirklichkeit die Principien der Zeit noch früher seien, denn
sie lassen die Welt aus ihnen entstehen. Und nach ihrer
Entstehung sind keineswegs die Principien dem Begriff
nach früher, vielmehr bilden die Principien und die Zahlen
die Substanz der Dinge, ja sie sind wirklich Zahlen, enthalten also die Principien. Deshalb muss man sich hüten,
die Zahlen etwa für die transscendente Ursache zu halten.
Kehren wir zu der Stelle der Met. zurück, so zeigt das
von den Pythagoreern gebrauchte Beispiel, dass sie nur
von ihren Principien, dem Begrenzten und Unbegrenzten
gesprochen; sodann, dass sie Gott nicht als philosophisches
Princip gefasst. Hätten sie das gethan und Gott Schönheit und Güte entzogen, so müsste man ihnen allen Verstand absprechen. Denn die griechische Vorstellung, dass
die Götter vom höchsten Glanze umflossen und aller
menschlichen Vollkommenheit theilhaftig seien, würde somit gänzlich vernichtet. Es liegt aber in unserm Beispiel
der grosse Begriff der Entwicklung schon vorgebildet, der
zwar schon bei Plato eine wichtige Rolle z. B. in der
Lehre von der ἀνάμνησις spielt, in seiner weitreichenden
Bedeutung aber erst bei Aristoteles auftritt. Sodann zeigt
das Beispiel, dass die Harmonie nicht Princip gewesen,
sondern nur als abgeleitetes Princip für die Zahl gebraucht
worden sein kann; denn sie wurde doch gewiss für schön,
ja für das Schönste von allem gehalten. Es scheint hier
nicht unangemessen einen Blick darauf zu werfen, wie
unsere heutige Geologie und Paläontologie lehrt, dass
alle unsere organischen Wesen einfacheren Formen ge-
folgt und lebendige Erscheinungen später als unorganische
Dinge aufgetreten seien; eine Doktrin, die den Aristoteles
widerlegt, dagegen mit den Pythagoreern übereinstimmt.

Das Resultat dieses Abschnittes lässt sich also dahin formuliren:

Das Himmelsgebäude sammt allen seinen Theilen und Eigenschaften ist Zahl; denn diese ist die Substanz der Dinge. Obgleich die Zahlen, die mathematischen also, gedacht sind, sollen sie doch Ausdehnung haben, so dass Abstraktes und Concretes von den Pythagoreern vermischt wird, ohne von ihnen bemerkt zu werden. Principien aber der Zahlen sind das Begrenzte und Unbegrenzte oder Ungerade und Gerade. Aus diesen beiden und zwar einzigen Principien ist das Eins entstanden, aus dem Eins sodann die übrigen Zahlen und damit die Dinge. Die Zahl wird auch Harmonie genannt, welche keineswegs ein drittes Princip ist, sondern eine andere Bezeichnung der Substanz oder ihrer Eigenschaften, insofern an ihnen Mass und Ordnung betrachtet wird. Nebenbei wenden sie das Leere an. — Gott gilt nicht als philosophisches Princip.

2. Anwendung der Principien.

Wenn man nach der Ausführung des Systems fragt, so fliesst unsere Quelle leider sehr spärlich; jene wunderbare und reiche Behandlung wie man sie bei Späteren trifft, vermisst man hier.

Die Zehnzahl ist vollkommen und umfasst die ganze Natur der Zahlen, Met. I. 5. 986. a. 8. Deshalb begreift auch die oben angeführte Tafel 10 Gegensätze: deshalb müssen auch der Himmelskörper zehn sein; da aber nur neun sichtbar sind, erdichten sie eine Gegenerde, über die gleich gesprochen werden wird, ibid. Ueber die Bedeutung der Zahlen von 1 bis 10 haben wir nur wenige Angaben. Die Dreizahl umfasst den Himmel und alle Dinge, denn sie enthält Anfang, Mitte und Ende, de caelo I. 1. 268. a. 10. Dass aber die Erklärungen vieler Dinge durch Zahlen für uns verloren sind, lehrt Met. I. 5. 985. b. 31, wo wir lesen, dass eine Zahl von gewisser Beschaffenheit (die Quadratzahl M. M. I. 1) die Gerechtigkeit bedeutet habe, eine andere die rechte Zeit, noch andere Seele und Vernunft etc. Met. XIII. 4. 1078. b. 21 wird die Ehe hinzugefügt. Bis zu welcher unwissenschaftlichen Leichtfertigkeit der Begründung manche hinabsanken, zeigt das Met. XIV. 5. 1092. b. 8 über Eurytus Gesagte. Er bezeichnet mit einer gewissen Zahl den Menschen, mit einer andern das Pferd. Die Zahl gewann

er aber dadurch, dass er durch Zusammensetzen von
Rechensteinen das Bild des Menschen etc. entwarf und
die Anzahl der gebrauchten Steine als die Zahl bezeichnete, die den Menschen bedeute. Lächerlich scheint auch,
wenn man nach Met. I. 9. 990, a. 18, an einen Ort des
Himmels die Meinung und die rechte Zeit setzte, wenig
darunter oder darüber die Ungerechtigkeit die Trennung
die Mischung. Als Beweis führen sie an, dass ein jedes
dieser Dinge eine bestimmte Zahl sei und in jenem
Theile des Himmels befänden sich soviel Gestirne, wie
jene Zahl Einheiten enthalte. Aristoteles frägt, ob denn
die Zahl an dem Himmel mit der welche die Meinung etc.
bedeute, identisch sei. Wenn er für die Sterne körperliche, für die Begriffe dagegen mathematische Zahlen ver-
langt, so können sie natürlich von ihrem Standpunkte
nicht Rede stehen. Dasselbe wird ihnen auch Met. XIV.
3. 1090. a. 20; de caelo III. 1. ext. vorgeworfen.

Sodann behaupteten sie, Met. XIV. 6. 1092. b. 26,
dass aus den Zahlen Gutes entstehe, wenn eine Mischung
nach bestimmten Zahlen angestellt würde, nach Quadrat-
oder ungeraden Zahlen; welche Bedeutung sie diesen bei-
legten, ist bekannt z. B. aus der Tafel Met. I. 5.

Wenn nun aber alle Dinge nothwendig aus Zahlen
bestehen, so folgt nach Met. XIV. 6. 1093. a. 1. sq.,
dass viele identisch werden, indem eine Zahl mehrere
Dinge bedeutet. Um dies zu veranschaulichen, wird 1093.
a. 13 ein gewiss von ihnen selbst gebrauchtes Beispiel
erwähnt. Es giebt 7 Vokale, 7 Saiten oder Harmonien,
7 Plejaden, in 7 Jahren wechseln gewisse Thiere die
Zähne, 7 Feldherren haben Theben belagert. Auch hier
frägt Aristoteles, ob es denn die Zahl 7 bewirkt habe,
dass jene Feldherren etc. 7 gewesen sind, oder nicht
vielmehr die Zahl der Thore etc. Das Beispiel lehrt,
wie schon Früheres, dass sie sich mit den Zahlen an die

Erklärung von Pflanzen und Thieren, ja sogar historischen
Fakten gewagt haben, was doch noch weniger angeht
als von blossen Begriffen oder unorganischen Dingen, da
hier noch mehr specifische Differenzen, ja gerade das
Constitutive, das Leben vernachlässigt werden muss. Auch
die Jahreszeiten bezeichneten sie durch Zahlen, XIV. 6.
1093. b. 14. Auch über die Figuren bringt unser Gewährsmann
weniger als die Späteren. Der Begriff der Linie ist die
Zwei, VII. 11. 1036. b. 8. Weil aber eine gerade Linie
durch zwei Punkte bestimmt wird, so haben sie den Punkt
gewiss, was zwar nicht bezeugt wird, durch die Zahl
eins definirt. VII. 11 lesen wir auch, weder der Kreis
noch das Dreieck dürfe durch zusammenhangende Linien
erklärt werden, sonst würden sie ähnlich bezeichnet wie
Fleisch und Knochen des Menschen und Erz und Stein
der Bildsäule. Denn der Stoff darf nicht erwähnt werden;
denn wie bei dem Menschen, obgleich er überall von
Fleisch und Knochen zusammengesetzt sei, Fleisch und
Knochen doch nur der Stoff sind, ebenso behaupten sie,
sei an dem Kreis und Dreieck etc., obgleich sie Ausdehnung haben und aus Linien bestehen, die Ausdehnung
doch nur die Materie, der Begriff sei durch Zahlen zu
bezeichnen, z. B. der der Linie sei Zwei. Aristoteles
fügt hinzu, so geschehe es, dass vieles unter einen Begriff
falle, dessen Begriffe doch verschieden sind; ja es müsse
für alle Dinge einen Begriff geben; und dass sei doch
absurd, da die Dinge sich durch Qualitäten unterscheiden,
die Zahlen dagegen nicht. Aus unserer Stelle folgt, dass
die Pythagoreer in der Philosophie nur die Arithmetik
angewandt haben, niemals die Geometrie. Dagegen könnte
man vielleicht Met. VII. 2. 1028. b. 15 anführen, was
sich doch wol auf die Pythagoreer bezieht (cf. Brandis
Rhein. Mus. 1828. 218 not.); die Grenzen seien die Sub-

stanz der Körper genannt worden, nämlich Fläche Linie
Punkt Einheit, und zwar seien sie dies mehr als die
Körper und das Feste, cf. III. 5. 1002. a. 4. Und XIV.
3. 1090. b. 5 lesen wir: „es giebt Leute, die desshalb,
weil Grenzen und 'Aeusserstes vorhanden sind, nämlich
der Punkt Grenze der Linie, diese der Fläche, diese des
Körpers, annehmen, dass solche Dinge wie diese Grenzen
auch bestehen müssten (d. h. an und für sich)." Dass
diese Ansichten die ganze Theorie verändern würden, erkennt man leicht, und sie können deshalb nicht von
älteren, echten Pythagoreern herrühren. Aber Aristoteles
lässt uns diesmal nicht im Stich; III. 5. 1002. a. 6, wo
eine Vermuthung über den Grund einer solchen Annahme
vorgetragen wird, heisst es nämlich: die Grenzen könnten
ohne den Körper sein, nicht aber dieser ohne Grenzen;
die Fläche z. B. kann man sich ohne einen Körper vorstellen; deshalb, sagt Aristoteles, hielten sie die Zahlen
für die Principien der Dinge. Daraus leuchtet ein, dass
sie nicht die Geometrie, sondern was sie an ihr Arithme-
tisches auffanden, in die Philosophie hineingezogen. Wir
dürfen also vermuthen, dass sie die Fläche durch die
Zahl drei, den einfachsten Körper aber, weil er von vier
Flächen begrenzt wird, durch die Zahl vier definirt haben.
Und wenn sie dies thaten, so glaubten sie damit den
Körper und mit Erweiterung des Begriffs die Körper erklärt zu haben. Schaarschmidt p. 42 bemerkt über die
Geometrie: „dass sie in ihrer Stoechiologie auch die geometrischen Figuren und deren Verhältnisse angewandt hätten,
davon sagt uns Aristoteles nicht; wir werden es daher
ohne Weiteres auch nicht annehmen dürfen."

Demnächst ist das Himmelsgebäude zu besprechen.
„Nachdem das Eins zusammengetreten war, aus Flächen
Samen oder wer weiss was, was sie nicht nennen können,
ist der nächste Theil des Unbegrenzten angezogen und

von der Grenze begrenzt worden," Met. XIV. 3. 1091. a. 13. Damals konnte also erst die Welt entstehen. Dagegen bezieht sich die Notiz von dem unbegrenzten Hauch, den das Weltgebäude einathmet, auf das Bestehen desselben, Phys. IV. 6. 213. b. 22. Die Dinge und die Zahlen werden also durch das eingeathmete Leere gesondert und in dieser Sonderung beständig erhalten. Eine solche Vorstellung darf bei Männern von diesem Bildungsgrade nicht befremden, welche die Trennung der Dinge bemerken, ohne etwas Trennendes zu erblicken; die den Wind aus den ungemessenen Himmelsräumen herabfahren und Dinge auseinanderreissen sehen, ohne die Entstehung desselben zu kennen.

Nach de caelo II. 13. 293. a. 20 befindet sich in der Mitte der Welt ein Feuer, um das die Erde sich dreht und so Tag und Nacht erzeugt. Den Grund für die Annahme dieses Centralfeuers finden sie darin, dass der ehrwürdigste Körper auch den ehrwürdigsten Platz einnehmen müsse; das Feuer aber sei vorzüglicher als die Erde, und die Grenze als das von ihr Eingeschlossene; das Aeusserste aber und die Mitte seien Grenzen. Weil ferner der ehrwürdigste Platz des Alls bewacht werden müsse, nennen sie das Centralfeuer die Wache des Zeus. Um das Centralfeuer kreist die Gegenerde, die sie erdichten, um 10 Gestirne zählen zu können Met. I. 5. Ueber deren Ort trägt Schaarschmidt p. 33. not. eine unnützerweise geschraubte Ansicht vor: „ich glaube, dass wir die Antichthon wie der Ausdruck besagt und die aristotelischen Worte ἐναντίαν τῇ γῇ bestätigen, von der Erde aus seitwärts oder gar jenseits um das Centralfeuer herumlaufend denken müssen, in einem diesem Mittelpunkt näheren oder kleineren Kreise. Sind dabei die Umlaufszeiten der Erde und der Gegenerde ihren resp. Entfernungen vom Centralfeuer proportional, so kann auch die letztere für die Erdbewohner stets unsichtbar, ebenso unsichtbar wie das Centralfeuer selbst bleiben, d. h. auf der uns abgewandten südlichen Himmelshälfte." Das einfachste und nächste ist doch die Gegenerde zwischen Erde und Centralfeuer zu setzen, wie es auch Boeckh, comment. acad. alt. Heidelb. 1810 p. 19 thut: *„una cum terra circum ignem ambulat antichthon, ut praeter Aristotelem Simplicius notat, et haec quidem centrali igni semper propior manet, ipsoque nomine ostendente, nihil aliud est quam opposita nostrae terra, ut ait Aristoteles, hoc est terra antipodum, sive eam cum nostra cohaerentem, sive divulsam Philolaus finxerit."*

De caelo II. 13. 293. b. 21 werden die Mondfinsternisse erklärt. Einigen scheint es nämlich möglich, dass ausser der Gegenerde noch andere ähnliche Körper das Centralfeuer umkreisen, die uns freilich durch die Erde verdeckt sind; jedes dieser Gestirne versperre dem Monde das Licht, nicht blos die Erde.

Aus de caelo II. 13. 293. a. 22, wo es heisst, die Erde als eines der Gestirne bewege sich um das Centralfeuer, folgt, dass auch die übrigen Himmelskörper denselben Mittelpunkt ihrer Bahn haben. Um die Reihenfolge der Planeten und den Bau der Welt zu veranschaulichen, füge ich die von Boeckh, comm. ac. alt. p. 16 entworfene Figur bei, woraus die Einheit und Abgeschlossenheit des Pythagoreischen Weltgebäudes sofort deutlich wird. Obgleich Aristoteles das nicht überliefert, darf man hier doch der Vernunft der Sache trauen. Schwieriger ist folgendes. Aristoteles berichtet nämlich de caelo II. 2. 285. a. 10, die Pythagoreer hätten nur ein Rechts und Links angenommen, kein Oben und Unten, Vorn und Hinten (natürlich im Himmelsgebäude); und ib. b. 25: es sei falsch, was aus ihrer Doktrin folge, dass wir uns oben und rechts, der entgegengesetzte Pol aber unten und

Fig. 1.

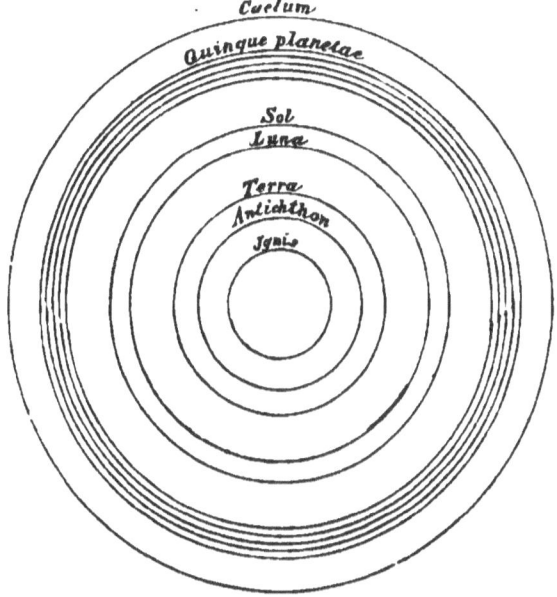

links sich befinde. Boeckh zeigt nun, Kosm. System des
Plato, Berlin 1852, p. 107 sq., was obgleich nicht aus
Aristoteles, sondern aus Stobaeus, Eclog. phys. I. 23.
p. 588 Heeren und andern Stellen, doch an sich wahrscheinlich ist, dass die Pythagoreer das dem Centralfeuer
Nähere Unten und Rechts, das Entferntere Oben und Links
genannt haben, so dass wir oben und links wären. Dann
fährt er p. 112 fort: „Aber wie steht es nun mit der
Aussage des Aristoteles de caelo, die Pythagoreer hätten
die Halbkugel, auf der wir wohnen, für die obere und
rechte erklärt? Denn die obere war ihnen ja die linke,
wie aus dem Vorhergehenden deutlich genug ist. Die
Sache ist einfach: Aristoteles geht nach eigener Ansicht
davon aus, das Rechte und Obere, das Linke und Untere
entsprächen sich; er legt auch bei seiner Polemik gegen

die Pythagoreer diese seine Bestimmung, nicht die Pythagoreische zu Grunde, und indem er aus dem System der
Pythagorcer das Oben und Unten festhält, überträgt er
aus der eigenen Ansicht die Bestimmung des Rechten auf
das Obere, die des Linken auf das Untere."

Um jedoch über die Bahn und die Bewegung der
Gestirne wenigstens das Wichtigste nicht zu übergehen,
mag die klare Darstellung Boeckh's com. alt. p. 18 hier

Fig. 2.

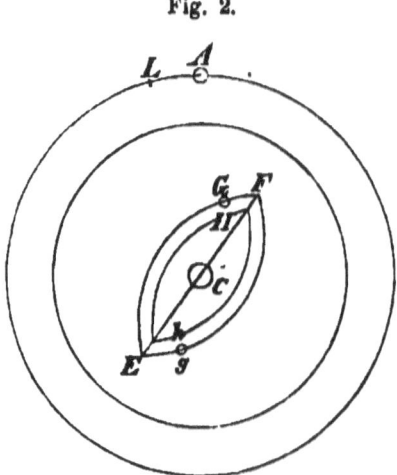

eine Stelle finden: „*Sol fertur in eliptico circulo, quem
oblique secat aequidialis orbis, in quo terra movetur: sol
autem, luna et planetae feruntur ab occidente ad orientem:
similiter igitur ab occasu ad ortum terram moveri Philolaus
statuebat, non tamen circum axem, sed circum medium mundi
ignem, idque unius noctis et diei spatio. Rem in hac figura
declarabo. Sit C centralis ignis, et A sol, qui annuo motu
per orbem circum ignem fertur. Terra sit in G, circum-
lata diurno motu, sed minore orbe, eoque ad orbem solis
oblique posito, ut circulus EF ad orbem BD. Jam sol
ex A versus occidentem pergit, sed lento gradu, ita ut plu-*

3

ribus diebus tantum ad I, perveniat: sed terra duodecim horis usque ad g provehitur; itaque positus ejus ad solem vehementer immutatur." Dies bedarf indessen einiger Berichtigung, wenn man das später Gesagte, Kosm. System p. 107 sq., gelten lassen will. Wenn wir nämlich beständig vom Centralfeuer abgewandt ·bleiben sollen, so muss sich die Erde während des täglichen Umlaufes um das Feuer einmal um seine Axe drehen; wäre das nicht der Fall, so würden wir täglich einmal dem Feuer und der Antichthon zugekehrt sein; was man sich leicht verdeutlichen kann, wenn man eine Hand um die andere ruhende so bewegt, dass dieselbe Seite immer nach.aussen gerichtet bleibt. Deshalb ist auch die Figur so umzukehren, dass links der Occident ist, und Sonne Erde etc. nach Rechts hin laufen und das Centralfeuer zur Rechten bleibt, wir also oben und links wohnen. Auch die Ab-

Fig. 3.

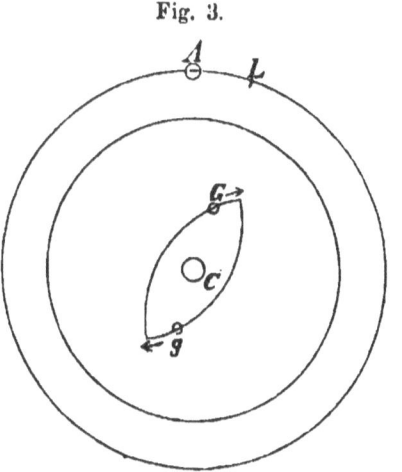

wechselung von Tag und Nacht wird nun einfach erklärt; denn mag die Sonne stehen wo sie will, während circa 12 Stunden können wir sie gar nicht sehen; und wir

Fig. 4.

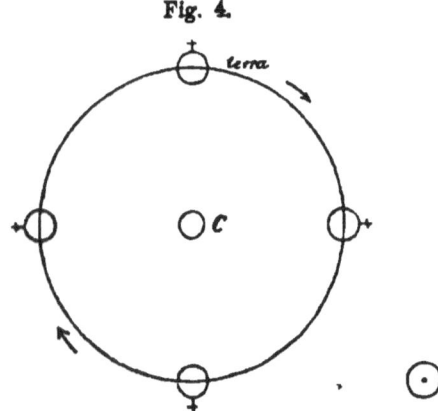

bedürfen dazu gar nicht der Antichthon, die Boeckh com. alt. p. 19—20 verwendet, von Aristoteles aber de caelo II. 13 nicht erwähnt wird: τὴν δὲ γῆν ἓν τῶν ἄστρων οὖσαν κύκλῳ φερομένην περὶ τὸ μέσον, νύκτα τε καὶ ἡμέραν ποιεῖν.

Zum Schluss haben wir die sogenannte Sphären-harmonie zu betrachten, worüber de caelo II. 9. 290. b. 12 sq. handelt: „Es ist nothwendig, dass durch die Bewegung so grosser Körper (nämlich der Gestirne) ein Ton erzeugt wird, da auch die Körper, die sich auf der Erde finden und weder solches Gewicht noch ähnliche Schnelligkeit haben, bei der Bewegung einen Ton hervorbringen. Durch den Umschwung der Sonne, des Mondes und so grosser und vieler Sterne müsste also ein gewaltiges Tönen entstehen. Die Bewegungen aber und Kreisbahnen der Sterne stehen zu einander in demselben Verhältniss, wie die Harmonien, d. h. wie die Längen harmonisch gespannter Saiten, und deshalb werde durch die Bewegung derselben eine musikalische Harmonie erzeugt. Weil es aber seltsam schien, dass wir diese Töne nicht hörten, führten sie als Grund an, wir vernähmen dieselben seit unserer Geburt, so dass sie, weil der Gegensatz des

Schweigens fehle, keinen Eindruck machen könnten. Es
gehe damit den Menschen wie den Schmieden, die in
Folge der Gewohnheit die Hammerschläge nicht mehr zu
hören schienen." Aristoteles widerlegt diese Theorie vor-
züglich durch zwei Gründe; es sei thöricht, dass wir
nichts von jenen Tönen hörten oder erlitten; denn über-
mässige Töne vermöchten selbst leblose Dinge zu zer-
splittern, durch das Rollen des Donners würden z. B.
Steine und sehr harte Körper zerschmettert (doch wol
durch den Blitz). Der zweite Gegenstand ist dieser:
Was in einem ruhenden Medium sich bewegt, kann einen
Ton erzeugen; wenn dagegen etwas an einem anderen
Bewegten befestigt ist oder sich in ihm befindet, wie die
Theile eines Schiffes, so kann es keinen Ton erregen,
noch das Schiff selbst, wenn es sich im Flusse bewegt
(das geschieht jedoch, wenn die Schnelligkeit des Schiffes
die des Wassers übertrifft). Um dies zu verstehen, hat
man sich indessen zu erinnern, was Aristoteles schon
vorher de caelo II. 8. 289. b. 32 nachgewiesen hat. Die
Sterne nämlich bewegen sich nicht, sondern nur die
Sphären, an welche sie befestigt sind; da diese aber von
vier oder fünf grösseren Sphären so eingeschlossen sind,
dass nirgends ein leerer Raum bleibt, so kann natürlich
kein Ton entstehen. Uebrigens glaubten die Alten nicht,
dass die Sterne vermöge der Anziehungskraft in der Luft
schwebten, womit auch die Pythagorer übereinstimmten;
vgl. darüber Zeller II. 2. 345. Aristoteles aber fügt hinzu,
wenn die Himmelskörper sich in der Luft oder wie alle
meinen im Feuer bewegten, so müsste freilich ein Ton
entstehen und bis zu uns gelangen. Da aber die Gestirne aus Aether bestehen und ausserhalb der irdischen
Regionen nur Aether sich befindet, was de caelo I. 3.
269. b. 18 sq.; Meteor. I. 3 bewiesen wird, so kann kein
Ton erregt werden, weil dazu Luft nöthig ist, was Aristo-

teles hier de caelo II. 9 und ausführlicher de an. II. 8
darthut und zu unseren Zeiten allgemein angenommen
wird. Aber man muss sich der Hinfälligkeit und der
Veränderlichkeit alles menschlichen Wissens erinnern, um
nicht mit Achselzucken auf die Pythagoreer hinabzublicken,
die freilich keinen strengen Beweis für ihre Theorie bringen.
Vielleicht wird einst die Vorstellung von einer Harmonie
der Sphären weniger abgeschmackt erscheinen als heute.
Es sei mir gestattet eine Stelle aus „Karl Ernst v. Baer,
Reden, Petersburg 1864, p. 263, anzuziehen: „Und könnte
es in der Natur nicht noch ganz andere Schwingungen
geben, die zu schnell sind, um von uns als Schall em-
pfunden zu werden, und zu langsam, um uns als Licht
zu erscheinen? Die Wärme, wenigstens die strahlende,
scheint nach den neuesten Untersuchungen in Schwingungen
zu bestehen, die weniger rasch sind, als die Lichtwellen.
Und sollte es nicht noch andere Schwingungen geben,
von denen wir nichts wahrnehmen? Es scheint keineswegs widersinnig, so etwas zu glauben. Die Planeten
bewegen sich, und unsere Erde unter ihnen, mit ganz
ansehnlicher Geschwindigkeit durch den Aether und müssen
diesen in Bewegung setzen, aber diese Bewegung ist doch
ohne Vergleich langsamer, als die des Lichtes. Giebt das
nicht vielleicht ein Tönen des Weltraumes, eine Harmonie
der Sphären, hörbar für ganz andere Ohren als die
unserigen?"

Der grösste Theil des pythagoreischen Systems scheint
nach dem Vorangehenden Naturphilosophie gewesen zu
sein, was Aristoteles anerkennt, der berichtet Met. I. 8.
989. b. 33 sie hätten ihre ganze Theorie zur Erklärung
der Sinnenwelt verwandt, die doch geeignet sei um zu
dem höheren Sein (Begriffen) sich zu erheben und zwar
besser als zu physikalischen Disciplinen, wozu sie ihre

Principien anwenden. Obschon sie nun in der Metaphysik nichts Haltbares gelehrt, so nimmt doch ihr mathematisches Princip in der Entwickelung des menschlichen Geistes eine bemerkenswerthe Stelle ein; und über die Bewegung der Erde um einen Mittelpunkt scheinen sie zuerst eine gesunde und denkwürdige Theorie vorgetragen zu haben, die freilich leider wieder vom Irrthum verdrängt wurde, der den Stillstand der Erde und den Lauf der ganzen Planetenwelt um sie als ihren Mittelpunkt nicht aufgeben wollte. Die pythagoreische Philosophie zeigt, dass sie zuerst den Begriff der Formel gefunden und diese als constantes Gesetz in die Veränderungen des materiellen Seins geworfen. Freilich bleiben sie bei der Neuheit des Gefundenen und in den Anfängen der Wissenschaft befangen hinter den modernen Naturwissenschaften weit zurück, die sich strengerer Methoden, der Induktion und des Experiments bedienen. Aber desto mehr muss unser Urtheil ein mildes sein, zumal uns so viel, ja das Meiste ihrer angewandten Doktrin verloren gegangen ist. Das geht aus vielen Stellen der aristotelischen Darstellung hervor, der hier die Gelegenheit ausführlich zu sein nicht hatte, oder nicht wol benutzen konnte, da er ihre Philosophie nach altem Zeugniss in einem besonderen Buche behandelt hatte.

Aus den übrigen philosophischen Disciplinen überliefert Aristoteles sehr wenig. Aus der Psychologie haben wir einige Notizen, z. B. de an. I. 2. 404. a. 16. Einige Pythagoreer meinten, dass die Sonnenstäubchen, andere dass das was jene bewege, die Seele sei, weil sie beständig auch bei heiterer ruhiger Luft sich zu bewegen schienen. Danach würde die Seele aus einem Stoffe, oder aus einem aktiven Princip bestehen, was auf die pythagoreeischen Principien nicht passen will. So behauptet auch Alkmaeon de an. I. 2. 405. a. 29, die Seele sei etwas immer Bewegtes. Und de an. I. 4. init. heisst es, die Seele sei eine gewisse Harmonie; denn auch die Harmonie sei aus Entgegengesetztem gemischt, und das sei ja bei dem Körper der Fall. Der hierin deutlich ausgesprochene Materialismus, der die Seele zu einer Funktion des Leibes macht, könnte erschrecken, wenn man nicht bedächte, dass sie den stricten Gegensatz von Denken und Sein noch nicht erfasst hatten. Uebrigens zeigt die Vielheit und Verschiedenheit der Definitionen, dass sie ihnen selbst nicht genügten; am besten erkennt man das aber an Pol. VIII. 5. ext., wo angeführt wird, einige lehrten die Seele sei, andere, sie habe Harmonie. Und Aristoteles tadelt sie de an. I. 3. ext. mit Recht, dass sie nur über die Eigenschaften der Seele, über den dazu gehörigen Leib aber nicht redeten, gleich als ob jede beliebige Seele in jeden Körper eingehen könnte, wie es die μῦϑοι der Pythagoreer darstellten. Und Aristoteles widerlegt sie de an. I. 4. Dem Satze aber, dass die Seele Harmonie sei, entspricht der Begriff der Metempsychose nicht; denn sobald die zusammengefügten Gegensätze aufgelöst sind, muss auch was nur durch die Composition bestand vergehen. — Wenn Zeller I. 326 das Wort μῦϑοι durch Fabeln übersetzt, so scheint das nicht richtig. Mit demselben Rechte würde man die wundervollen platonischen Mythen in der Republik, Gorgias, Phaedrus etc. Fabeln nennen. Weder Plato noch den Pythagoreern waren sie das; sie suchten das Unaussprechliche mit menschlichen Begriffen und Worten zu erklären. Auch muss ich die zwar noch wenig gebildeten aber doch ernsten Philosophen gegen den Vorwurf des Aberglaubens vertheidigen, den ihnen Zeller I. 329 macht, weil sie die Seele für Sonnenstäubchen hielten. Dann müssten wir alle Atomisten abergläubisch nennen. Bei den logisch ungeschulten Pythagoreern lässt sich die falsche Vorstel-

lung leicht begreifen: Die Seelen sind das Feinste, die
Sonnenstäubchen sind das Feinste: folglich sind die Seelen
Sonnenstäubchen. Ein falscher Schluss der zweiten Form,
aber kein Aberglaube. Wenn endlich Zeller I. 331 die
Lehre von der Seelenwanderung als unphilosophisch bezeichnet und in die Mysterien verweist, so lässt sich auch
das angreifen. Dass die Harmonie zur Philosophie gehörte
und zur Erklärung der Seele benutzt wurde, giebt Jeder
zu. Aus de an. I. 2. 405. a. 29 lernen wir aber, dass
Alkmaeon die Seele für unsterblich gehalten, weil sie den
unsterblichen Dingen ähnlich sei; denn sie bewegt sich
immer, ebenso wie die göttlichen Körper, Mond, Sonne,
Sterne und der ganze Himmel. Da nun aber auch die
Harmonie Bewegung ist, lässt sich dieser Beweis leicht
einem älteren Pythagoreer zumuthen. Dass aber Alkmaeon
mit den Pythagoreern in engster Beziehung stand, geht aus
Met. I. 5 hervor; obgleich er in einzelnen Punkten von ihnen
abwich, so hat er doch auf ihre Principien sein System gegründet. Hatten sie einmal die Unsterblichkeit gefunden oder
bewiesen, so mussten sie als Griechen, deren Begriffen niemals die Anschauung fehlte, den Seelen neue Körper er-
theilen. Ja man müsste sich im Gegentheil wundern,
wenn sie diesen Fehler nicht begangen hätten, was Lotze
Mikrok. I. 426 auch anerkennt, wenn er über die Prae-
existenz der Seele redend bemerkt: „Die Träume der
Seelenwanderung, zu denen fast unvermeidlich unsere
Vorstellung genöthigt sein würde etc." Denn sonst wäre
ihnen nichts übrig geblieben, als die Auferstehung des
Leibes nach christlichem Dogma. Was soll sich aber
darunter der Grieche vorstellen, wenn er den Körper
verbrennen oder zerfallen sieht? Ohne die Seelenwanderung hätten sie also auch die Unsterblichkeit läugnen
müssen, da sie die des Körpers verlustigen Seelen doch
nicht im Himmelsraum umherflatternd denken konnten.

Dass sie in der *Logik* nichts geleistet, ist an sich
wahrscheinlich; denn die Dialektik, die gänzlich auf der
Vergleichung und Unterscheidung von Begriffen beruht,
wurde erst von Plato gebildet Met. I. 6. 987. b. 22. Das
Princip musste wie alle Gedanken so auch deren Form
bestimmen I. 5. 987. a. 20. Beispiele von Definitionen
habe ich schon oben gebracht, Met. VII. 11. 1036. b. 8.
Das Dreieck dürfe nicht durch zusammenhängende Linien,
sondern nur durch Zahlen definirt werden. Die Definitionen des Archytas, der schon von der sokratischen Philosophie berührt ist, sprechen nicht mehr von Zahlen.
Aristoteles führt, um zu zeigen, dass die Unterscheidung
von Materie und Energie schon in Definition Früherer be-
achtet worden sei, einige archytäische an, Met. VIII. 2.
1043. a. 21: Heiterkeit (des Himmels) sei Ruhe in einer
Menge Luft; Meeresstille sei Glätte der Meeres-Oberfläche.

Es bleibt noch die *Ethik* zu berühren, die weil in den
Zwecken des Lebens ihre Principien' wurzeln, die verschiedenen Affekte der Seele zu betrachten hat, und deshalb in der Zahlentheorie keinen Platz findet. Was darüber vorgebracht wird, muss den Menschen, die im steten
Kampf mit inneren oder äusseren Gewalten idealer oder
doch wenigstens praktischer Grundsätze bedürfen, vollkommen nutzlos sein. Uebrigens haben wir nur wenige
Notizen, so M. M. I. 1. 1182. a. 11: Pythagoras habe
zuerst über die Tugend gesprochen, jedoch ungenügend;
denn da er die Tugenden auf Zahlen zurückführte, habe
er eine den Tugenden unangemessene Methode befolgt.
Pythagoras ist also als der Vater der Ethik anzusehen,
wenn diese auch im wahren Sinne des Begriffs erst mit
Sokrates beginnt. Der Hauptsatz der ganzen Ethik war
ohne Zweifel, dass das Gute in die Reihe des Begrenzten,
das Böse in die des Unbegrenzten gehöre, E. N. II. 5.

1106. b. 29; die bekannte ernste Ansicht der Griechen,
dass das Gute ohne Mass und Grenze nicht bestehen
könne; ob Plato diese Vorstellung den Pythagoreern ver-
dankt, ist schwer zu entscheiden; es ist indessen klar,
dass unsere Stelle und der Philebus Platos p. 64. E. sq.,
wo die Idee des Guten durch Schönheit, Symmetrie und
Wahrheit definirt wird, in enger Verwandtschaft stehen.
Die Stelle der Magna Moralia fährt so fort: „Den Pythagoreern sei die Gerechtigkeit die Quadratzahl gewesen,"
was Aristoteles schon hier tadelt. Deutlicher wird dies
aber, wenn wir E. N. V. 8. 1032. b. 21 vergleichen; die
Pythagoreer definirten die Gerechtigkeit ohne alle Unterschiede einfach als Wiedervergeltung. Aristoteles weist
das Ungenügende dieser Ansicht im achten Kapitel des
fünften Buches der Ethik nach. Nachdem er im ersten
Theile desselben Buches die allgemeine Gerechtigkeit,
welche alle Tugenden umfasst, und die particulare unterschieden hatte, zeigt er, dass die letztere entweder distri-
butiv oder correctiv, austheilend oder ausgleichend sei.
Die corrective bedient sich der arithmetischen Proportion
um zu bestimmen, was diesem zu nehmen, jenem zu geben,
wenn irgend ein Vertrag, der nach einer geometrischen Proportion geschlossen war, von einer Partei verletzt worden;
sie ist eine Addition oder Subtraktion in Concreto; oder auch
Beides zugleich in gewissen Fällen. Die distributive aber
addirt ebenso, d. h. giebt Jemand etwas und zwar nach
vorher aufgestellter geometrischer Proportion. Also kann
weder die öffentliche oder distributive noch die private
oder corrective Gerechtigkeit eine Multiplication oder eine
Quadratzahl sein, was M. M. I. 1 behauptet wird. Aber
dem Aristoteles kann die Gerechtigkeit überhaupt nicht
eine Zahl sein; denn sie ist wie alle Tugenden eine
Thätigkeit der Seele, eine der vernunftgemässen Mitte
zwischen zwei entgegengesetzten Lastern entsprechende

ἕξις, geübte Kraft der Seele, E. N. II. 4, 5. Die Zahl gehört aber zu den Begriffen, die zwar Affecte und Triebe beherrschen, aber niemals sein können. Aber kehren wir zur Wiedervergeltung zurück. Gleiches wird, nach Aristoteles, mit Gleichem vergolten, wenn die Behörden ein erlittenes Unrecht ausgleichen, oder einem wohlverdienten Manne sich dankbar erweisen. In vielen Fällen weicht aber die Wiedervergeltung vom Rechte ab; wenn Jemand z. B. einen Beamten geschlagen hat, ist er nicht nur wieder zu schlagen sondern ausserdem noch zu züchtigen. Wenn man vorsätzlich gefehlt hat, so ist man härter zu bestrafen, als wenn unabsichtlich etwas begangen. Die Wiedervergeltung erscheint daher mit Recht dem Aristoteles den Begriff der Gerechtigkeit nicht zu erschöpfen. In den Fällen, wo die Ausgleichung einfach nach der arithmetischen Proportion zu bestimmen ist, genügt der nackte ἁπλῶς Begriff der Wiedervergeltung. Aber wo sich die Gerechtigkeit der geometrischen Proportion bedient, z. B. bei Verletzung eines Beamten, müsste eine specifische Differenz hinzutreten.

II.
Kritik des Aristoteles.

Die Disposition dieses Abschnittes scheint Aristoteles selbst mit folgenden Worten Met. XIV. 6. 1093. b. 10 anzudeuten, κατ᾽ οὐδένα γὰρ τρόπον τῶν διωρισμένων περὶ τὰς ἀρχὰς οὐδὲν αὐτῶν (sc. τῶν ἀριθμῶν) αἴτιόν ἐστιν. Absichtlich habe ich aber eine Eintheilung nach den vier aristotelischen Ursachen unterlassen, da Aristoteles in den vorhandenen Werken weder über die causa formalis, noch die causa finalis in Bezug auf die Pythagoreer etwas vorträgt. Indessen werde ich sie gehörigen Orts wenn auch nur flüchtig berühren. Zuerst werde ich über die Eigenschaften der Dinge, sodann über die Principien selbst handeln.

Ich beginne mit der wichtigen Stelle Met. XIII. 8. 1083. b. 8 sq.: „Es ist unmöglich, dass die Körper aus Zahlen bestehen und diese die mathematischen sind. Denn es ist falsch, dass es untheilbare Gegenstände gebe; und selbst wenn es der Fall wäre, so würden wenigstens die mathematischen Einheiten keine Ausdehnung haben. Wie aber kann irgend eine sinnliche Grösse aus untheilbaren Dingen bestehen? Und die arithmetische Zahl besteht doch aus solchen, aus mathematischen Einheiten. Die Pythagoreer aber behaupten, die Dinge seien Zahlen, denn sie wenden ihre Lehre auf die Körper an, gleich als ob sie aus Zahlen beständen.“ Die Ausdrücke mathe-

matische und arithmetische Zahl bedeuten, soviel ich bemerkt, dieselbe Sache; denn was wir unter arithmetisch
verstehen, bezeichnet Aristoteles mit dem Namen der
mathematischen unter Hinzufügung der Definition Met.
XIII. 6. 1080. a. 30—32. Man kann nun alle Einheiten
der mathematischen Zahl mit einander verbinden, da keine
von den andern sich unterscheidet, ib. a. 22; ebensowenig
sind die Zahlen von einander verschieden, da es nur eine
Gattung giebt XIII. 7. 1081. a. 5. Denn „wenn die
Zahlen oder die Einheiten Unterschiede zeigten, so müssten
diese entweder quantitativ oder qualitativ sein, XIII. 8.
1083. a. 1—11; keins von beiden scheint möglich zu
sein. Die Zahlen lassen zwar ein mehr und weniger zu;
fände das aber auch bei den Einheiten Statt, so könnten
gleiche Zahlen trotzdem durch die Einheiten verschiedener
Grösse von einander verschieden sein. Sollen ferner die
ersten Zahlen grösser sein oder kleiner, so dass die folgenden abnehmen oder wachsen? All das scheint absurd.
Ebenso lassen sie keine verschiedenen Eigenschaften zu,
da Zahlen überhaupt qualitätslos sind." Da dies gegen
die Platoniker gerichtet ist und die Pythagoreer nicht erwähnt werden, so ist klar, dass sie in solche Fehler nicht
verfallen, vielmehr die einfachen Gedanken die Aristoteles
zur Widerlegung braucht, wenn nicht ausgesprochen, so
doch festgehalten haben. Denn das gegen die Platoniker
Gesagte stützt sich auf das der mathematischen Zahl
Eigenthümliche, welche allein die Pythagoreer hatten Met.
XIII. 6. 1080. b. 16. Obgleich den Pythagoreern also
die Einheiten und die Zahlen gleich waren, gaben sie den
Einheiten ein Prädicat, wodurch sich ihre Philosophie von
allen andern durchaus unterscheidet; sie behaupten nämlich, dass die Zahlen aus Einheiten bestehen, welche Ausdehnung haben, ib. 1080. b. 19. Dagegen wendet Aristoteles ein, mathematische Einheiten hätten keine Grösse

XIII. 8. 1083. b. 14; cf. I. 8. 990. a. 12; XIII. 9. 1085. b. 33. Der ganzen Theorie scheint aber Met. XIII. 6. 1080. b. 30 zu widersprechen: alle Philosophen nehmen an, dass die Zahlen monadisch seien mit Ausnahme der Pythagoreer. Aristoteles unterscheidet, wie schon oben bemerkt, ideale, sinnliche und mathematische Zahlen; die monadischen constituiren nicht etwa ein besonderes Genus, sondern mit dem Prädicat monadisch wird nur bezeichnet, dass die Zahl aus gedachten Einheiten besteht, also abstrakt ist Met. XIV. 5. 1092. b. 19. Deshalb ist unsere Stelle XIII. 6 so zu verstehen: alle sind der Ansicht, die Zahlen beständen aus abstrakten Einheiten mit Ausnahme derjenigen Pythagoreer, welche behaupten, das Eins sei Element und Princip der Dinge und habe Ausdehnung. Welche Pythagoreer hier gemeint sind, lässt sich nicht erkennen; indessen entspricht der Gedanke der Grundvorstellung vollkommen. Es folgt daraus, dass das Eins und die Zahl der Pythagoreer nicht abstrakt ist. Das ist aber nicht die Ansicht der Pythagoreer, sondern des kritisirenden Aristoteles, der die Sache in ihrer Wahrheit fasste. Die Pythagoreer nehmen an, die Einheiten sind mathematisch, d. h. abstrakt. Aber weil abstrakte Einheiten, oder wie wir es auszudrücken pflegen, mathematische Punkte, keinen Körper bilden können, so müssen die Einheiten der Körper untheilbare sinnliche Punkte sein. Aber, frägt Aristoteles XIII. 8. 1083. b. 15, wie kann eine ausgedehnte Grösse aus Atomen, untheilbaren Dingen, bestehen? Den Sinn dieser Frage und was aus der Annahme von abstrakten oder sinnlichen Punkten folgt, zeigt XIII. 2. 1076, b. 1—11, wo Aristoteles zwar die Platoniker angreift, welche das Mathematische im Sinnlichen existiren liessen, aber dadurch zugleich unsere Hauptstelle XIII. 8. 1083. b. 8—19 beleuchtet. „Wäre das Mathematische im Sinnlichen, so wäre offenbar die

Theilung eines Körpers unmöglich. Der Körper müsste
nämlich nach Flächen, die Fläche nach Linien, diese nach
Punkten getheilt werden: wenn also der Punkt unmöglich
getheilt werden kann, so kann es auch die Linie nicht,
und wenn dies, auch das übrige nicht. Ob man aber die
sinnlichen Punkte für untheilbar hält, oder zwar für theilbar, dafür aber andere Punkte in ihnen annimmt, die
untheilbar seien, kann keinen Unterschied machen. Denn
das Resultat ist das gleiche, sofern mit der Theilung der
sinnlichen Punkte auch die andern getheilt werden müssen,
oder jene ebenfalls nicht getheilt werden können." Die
untheilbaren in den sinnlichen Punkten angenommenen
Punkte sind also offenbar unsinnliche, nur gedachte untheilbare Einheiten und fallen somit vollkommen mit den
mathematischen Einheiten zusammen, cf. XIII. 9. 1085.
b. 16, μονάδα ἀδιαίρετον οὖσαν. Es folgt also daraus,
dass die Körper nicht aus mathematischen Einheiten bestehen können (cf. Met. III. 4. 1001. b. 17; XII. 10.
1075. b. 29; Phys. VI. 1. 231. a. 24); weil sie sonst
untheilbar wären; sie sind aber theilbar. Das, woraus
die Körper bestehen, muss Grösse haben, denn es giebt
überhaupt keine untheilbaren Grössen, cf. de caelo III. 4.
303. a. 2; de gen. et corr. I. 2. 315. b. 32; also ist
das Element der Dinge nicht die mathematische Einheit,
Met. XIII. 9. 1085. b. 33.

Aber die Einheiten, von denen die Pythagoreer reden
und die sie für mathematische halten, sind dies nicht
einmal, denn sie sollen Ausdehnung haben. Die Zahlen
zeigen also eine doppelte Natur; auf der einen Seite sind
sie mathematisch, insofern sie sich von den Irrthümern
der Platoniker frei halten; andererseits sind sie es nicht,
weil sie Grösse haben sollen. Da aber die Pythagoreer
die scharfe Abgrenzung des Uebersinnlichen, nur Gedachten
noch nicht kannten, Dialektik ihnen noch fremd war, so

mussten sie den Zahlen Grösse beifegen, da aus diesen
die Körper bestehen sollten, die Körper aber Grösse
haben. Das ist freilich ein Grundirrthum; denn die Zahlen-
verhältnisse sind nur Eigenschaften der Grösse, nicht aber
wird die Grösse aus diesen Met. XIII. 9. 1085. a. 20.
Zeigt Aristoteles hier, dass durch die Theorie der
Pythagoreer die Grösse und Theilbarkeit der Dinge nicht
erklärt wird, und an der Erklärung des Wirklichen muss
ja nach Aristoteles jedes System gemessen werden, so
hebt er an andern Orten hervor, dass auch die Schwere
der Körper aus den Principien nicht hervorgehe. „Wie
ist es möglich, XIV. 3. 1090. a. 33, dass aus dem, was
keine Schwere noch Leichtigkeit hat, etwas Schweres oder
Leichtes werde? Sie scheinen von einem andern Himmel
zu reden und von anderen·Körpern, aber nicht von den
sinnlichen.“ Und das thun sie wirklich, denn sie kennen
nur ihre mathematische Vorstellungen, die sie hypostasirten
und nun mit oder ohne Zwang des sinnlichen Eindrucks
anzuschauen glaubten. „Das aber, de caelo III. 1 ext.,
was als Element zu Grunde liegt und selbst in der Zu-
sammensetzung nicht im Stande ist, einen Körper zu erzeugen noch Schwere zu haben, sind die mathematischen
Einheiten.“ So ist auch hier von Aristoteles, wenn schon
an zerstreuten Punkten, die Kritik bis auf das letzte
Element, die gedachte mathematische Einheit zurückgeführt.

Nach der Grösse und der Schwere vermisst Aristoteles die Bewegung. Met. I. 8. 989. b. 29 sq. lobt er
sie, dass sie die Principien nicht aus dem Sinnlichen auf·
genommen haben, denn das Mathematische sei mit Ausnahme der Astronomie der Bewegung nicht unterworfen.
Deshalb passen die Principien auch mehr für die Metaphysik
als für die Physik. Denn in der Natur ist das Wichtigste
die Bewegung, wie die Physica lehren. Diese muss also
erklärt oder als Princip gesetzt werden. Aus der blossen

Mathematik geht sie aber nicht hervor. Woher soll sie
denn kommen, wenn nur die Grenze und das Unbegrenzte,
das Ungerade und Gerade zu Grunde liegen? Das sagen
sie nicht. Natürlich können sie' es nicht, denn, wie es
XII. 10. 1075. b. 27; a. 30 heisst: ἀπαϑῆ τὰ ἐναντία
ὑπ' ἀλλήλων. Oder wie ist es möglich, dass ohne Bewegung und Veränderung ein Entstehen und Vergehen
stattfindet oder die Verrichtungen der am Himmel sich
bewegenden Weltkörper? Wie soll man es ferner begreifen, dass die Eigenschaften der Zahlen und diese
selbst Ursachen sind von dem, was am Himmel ist und
wird, sowol vom ersten Anfang an als jetzt, und dass es
keine andere Zahl giebt neben der, aus welcher das
Weltgebäude besteht? Und darüber, Met. XIV. 3. 1091.
a. 13, ob die Pythagoreer ein Entstehen annehmen oder
nicht, darf man nicht zweifeln; denn sie sprechen es
deutlich‚ aus, dass nach dem Zusammentreten des Eins
das Nächste des Unendlichen von der Grenze angezogen
worden sei. Mit Schärfe wirft ihnen Aristoteles vor, dass
es doch billig wäre, über die Natur Untersuchungen an-
zustellen, wenn sie von ihr und der Weltbildung reden
wollten. Um aber das Urtheil betreffs der Entstehung
genauer zu verstehen, kann man Met. VII. 7. 1032. a. 13
vergleichen. Bei aller Entstehung ist nämlich τὸ ἐξ οὗ
τὸ ὑφ' οὗ, τὸ τί oder die Material- und die Final-Ursache
zu unterscheiden, welche letztere die drei der Materie
gegenüberstehenden Ursachen, die finale, formale und wir-
kende umfasst, Phys. II. 7. 198. a. 24: ἔρχεται τὰ τρία
εἰς ἓν πολλάκις (εἰς ἓν Bonitz, Arist. Stud. II. 222), und
drittens das Entstehende. Das aber was entsteht, nämlich
die Form, ist dasselbe von welchem die Bewegung des
Entstehens ausging. Zwei sich ganz entgegengesetzte
Elemente müssen also zu allem Entstehen vorhanden sein,
Materie und Form, weil nämlich von vollendeten Natur-

4

erzeugnisson, die dem Entstehen und Vergehen unterworfen sind, z. B. von dem Menschen die Bewegung ausgeht, die die Materie zur Form hinführt; ἄνϑρωπος γὰρ ἄνϑρωπον γεννᾷ; cf. de part. an. I. 1. 640. a, 25 und Phys. l. l. Aber die Pythagoreer haben ja nur ein Element, die Zahl, wesshalb nichts entstehen kann. Fasst man aber den Begriff des Entstehens weiter, so wird alles aus der Privation, cf. Phys. I. 5. 188. b. 21; I. 7. 191. a. 4. Was kann aber bei der Entstehung negirt werden? Die Dinge waren vor der Erzeugung Zahlen und nachher sind sie es wieder. Keine Veränderung tritt ein, keine entgegengesetzte Form. Aber, wird man einwerfen, die Pythagoreer haben ja zwei Principien, das Begrenzte und Unbegrenzte. Da diese den Zahlen innewohnen, so fragt sich, wie sie sich lösen können, so dass durch neue Mischung etwas Neues hervorgeht. Ob und wie das möglich ist, begreife ich nicht.

Ferner ist von der Ewigkeit der Gestirne zu sprechen. Aristoteles nennt alles, was am Himmel ist und vorgeht, ewig (Met. XII. 8. 1073. a. 30; Phys. VIII. 8. 9; de caelo II. 3. sq.), was die Pythagoreer wie alles aus dem Begrenzten und Unbegrenzten erzeugen. Die hierher gehörige Stelle ist Met. XIV. 2. 1008. b. 14—28. Vielleicht wirft Jemand ein, hier würden die Platoniker behandelt. Aristoteles hat durch die ersten Worte ἁπλῶς δεῖ σκοπεῖν hinlänglich angedeutet, dass in einer allgemeinen Untersuchung alle widerlegt werden sollen, welche τὰ ἀίδια aus Elementen bestehen lassen. Und Met. XIV. 3. 1091. a. 12 nennt er die Pythagoreer unverständig, weil sie die Entstehung der ἀίδια behaupteten. Diese eben läugnet er XIV. 2. Denn das Ewige würde materiell sein, da alles aus Elementen Bestehende zusammengesetzt ist. Wenn ferner jedes, ob ewig oder geworden, aus dem wird, woraus es ist, alles aber aus dem wird, was

das Werdende der Potenz nach ist: so kann jedes bestimmte Ding werden und nicht werden (weil es von
möglicherweise nicht eintretenden Bedingungen abhängt,
ob das Potenzielle zum Aktuellen übergeht). Weil also
die Zahlen auch nicht sein können, sind sie nicht nothwendig. Wenn es nun im Allgemeinen wahr ist, dass
nur die wirklich immer existirende Substanz ewig ist,
kann keine ewige Substanz aus Elementen bestehen; cf.
Met. IX. 8; de caelo I. 7.

Es soll nun die Frage beantwortet werden, ob denn
die Zahlentheorie an sich wahrscheinlich sei, und zwar
zuerst, ob die Zahlen Ursachen sein können. Met. XIV.
6. 1093. a. 1—26 heisst es: wenn alle Dinge aus Zahlen
bestehen, so müssen viele identisch werden und auf dieselbe Zahl fallen. Ist deshalb schon die Zahl die Ursache
eines Dinges? Keineswegs. Z. B. bedeutet irgend eine
Zahl die Bewegungen der Sonne, des Mondes und ein
beliebiges Thier. Warum sind nun einige von ihnen nicht
Quadratzahlen, andere Kubikzahlen, einige gleich, andere
doppelt so gross? Das lässt sich doch denken; aber die
Zahlen müssten auch alle Dinge umfassen, wenn alles
aus Zahlen bestände und Verschiedenes dieselbe Zahl bedeuten könnte. Wenn daher zufällig eine Zahl mehrere
Dinge bezeichne, müssten diese dasselbe sein z. B. Sonne
und Mond. Die Ursache davon sollen nun die Zahlen
sein. Aber wesshalb? Es folgt als Gegenbeweis erst
das schon angeführte Beispiel von der Siebenzahl und
dann eins von den Doppelkonsonanten ξ, ψ, ζ, die deshalb nach pythagoreischer Ansicht drei wären, weil es
ebensoviele musikalische Symphonien gäbe. Aristoteles
wendet ein, das es noch mehr Doppelkonsonanten geben
könne; man könnte auch γ und ρ durch ein Zeichen darstellen. Dass aber gerade drei Doppelkonsonanten wären,

4*

sei nicht in der Zahl der musikalischen Symphonien be-
gründet, sondern beruhe auf den Theilen des Mundes.
An drei Stellen nämlich erzeugt der ausgestossene Ton
Konsonanten, in der Kehle, an den Zähnen und an
den Lippen; fügt man nun zu diesen Konsonanten den
Zischlaut, das S hinzu, so entstehen drei Doppelkonso-
nanten. Um ihre Leichtfertigkeit aber noch lächerlich
zu machen, vergleicht er sie mit den Interpreten des
Homer, welche alle Kleinigkeiten bemerkten, aber das
Wichtige übersähen. Und 1093. b. 5. sq. fügt er hinzu,
Jeder könne sowol über Vergängliches als Unvergäng-
liches leicht dergleichen erfinden und behaupten.

Auch an der Mischung kann man die Ursächlichkeit
der Zahlen prüfen. Aristoteles frägt Met. XIV. 6. 1092.
b. 26. wie denn die Zahlen Gutes erzeugen könnten,
wenn etwas nach Quadrat- oder ungeraden Zahlen gemischt sei. Ueber die Mischung hat Aristoteles ausführlich de gen. et corr. I. 10 gehandelt und fasst ihren Be-
griff am Ende, 328. b. 22. dahin zusammen: $\dot{\eta}$ $\mu\tilde{\iota}\xi\iota\varsigma$ $\tau\tilde{\omega}\nu$
$\mu\iota\kappa\tau\tilde{\omega}\nu$ $\dot{\alpha}\lambda\lambda o\iota\omega\vartheta\acute{\epsilon}\nu\tau\omega\nu$ $\acute{\epsilon}\nu\omega\sigma\iota\varsigma$. Wenn also die Bestandtheile der Mischung Zahlen sind, so müssen sie durch
dieselbe in eine andere Gattung der Materie übergehen;
da aber nach pythagoreischer Lehre das nicht geschieht,
d. h. die Elemente nicht verändert werden, sondern die
Dinge Zahlen bleiben, so kann bei den Pythagoreern
weder eine Mischung stattfinden noch gedacht werden.
Obgleich Aristoteles diese Argumentation nicht anwendet,
schien sie doch der Anführung werth. Er selbst aber
widerlegt sie durch die Erfahrung. Gemischter Wein
z. B. ist nicht gesünder, wenn er nach dem Verhältniss
von drei mal drei gemischt sei, sondern wird vielleicht
mehr nützen, wenn er durch gar keine Zahl bestimmt
wird und wässerig genug ist, als wenn die Mischung zwar
nach einer bestimmten Proportion vorgenommen, aber zu

stark ist. Aber die ganze Ansicht ist pervers. Denn
die Mischung beruht nicht auf Multiplication, sondern auf
Addition; denn man mischt z. B. drei Theile und zwei,
niemals drei mal zwei. Multiplication kann ferner nur
bei Dingen derselben Gattung stattfinden; und bei jeder
Mischung muss man sich eines gemeinsamen Masses der
Bestandtheile bedienen. Da aber die Elemente einer
Mischung der Art nach verschieden sind, so kann z. B.
zwei mal drei nicht die Zahl des Wassers sein. Das
Beispiel zeigt, obgleich Aristoteles das nicht erwähnt, dass
jede Mischung von dem Zweck, d. h. der durch sie zu
erzeugenden Sache abhängt, den die Pythagoreer nicht
kannten.

Gehen wir nun zu der wichtigsten Stelle über, Met.
XIV. 5. 1092. b. 8, wo es heisst: Nichts ist darüber
angegeben, wie die Zahlen Ursachen der Substanzen und
des Daseins sein können, ob wie die Grenzen z. B. die
Punkte die der Grössen, oder wie die Eigenschaften der
Zahlen, die etwa wie sie sich in den Harmonien darstellen,
ebenso den Menschen und alles Einzelne hervorbringen.
Gebe man das auch zu, so könnte doch die Frage aufge-
worfen werden, wesshalb denn die Qualitäten der Dinge,
weiss süss warm etc. Zahlen sind. Aber es ist klar, dass
die Zahlen weder die Substanz der Dinge noch die Ursache der Formen sind. Denn die Substanz wird durch
ein Verhältniss definirt, nach welchem die Elemente zusammengesetzt sind, die Materie aber durch eine Zahl.
Die Substanz des Fleisches oder des Knochens wird z. B.
insofern eine Zahl sein, als sie vielleicht drei Theile Feuer
und zwei Theile Erde enthalten. Durch die Zahl wird
also immer Etwas gezählt, z. B. Theile von Erde Feuer,
Einheiten. Die Substanz dagegen bezeichnet, dass in der
Mischung so viel Theile des einen Bestandtheils mit so
vielen eines andern verbunden sind; und dies drückt nicht

eine Zahl, sondern eine Proportion aus. Also wird die
Zahl weder in allgemeinem Sinne gefasst noch die aus
abstrakten Einheiten bestehende, weder Material-, noch
Formal-, noch Finalursache sein. Da -der Schwerpunkt
dieser Stelle in dem Gedanken liegt, dass durch die Zahl
Etwas gezählt wird, so ist es verkehrt, XIV. 1. 1088. b.
2, Element und Prius der Substanz Etwas zu nennen, was
nicht Substanz ist; denn alle Kategorien sind später als
die Substanz. Deshalb, füge ich hinzu, kann die Zahl
nicht Substanz sein, denn sie fällt nach Aristoteles unter
die Kategorie des $\pi o \sigma ó v$, der Quantität.

Obgleich nun die pythagoreische Philosophie bereits
widerlegt ist, ist noch der Begriff der Einheit zu betrachten, den Aristoteles so oft berührt. Ihr Begriff ist das
Princip der Zahlen, Met. V. 6. 1016. b. 17. Die allge-
meinsten Prädicate aller Dinge sind nun die Begriffe des
Daseins und der Einheit, X. 1. 1053. b. 20. Eingehend
aber wird VII. 13 dargethan, dass das Allgemeine niemals Substanz ist, z. B. 1038. b. 9. Denn Substanz ist
das, ib. b. 15, was nicht von etwas Anderem ausgesagt
wird; das geschieht aber immer mit dem Allgemeinen.
Sodann ist X. 2. 1053. b. 25 sq. hervorzuheben. „Da in
Bezug auf Qualität sowol als auf Quantität das Eins ein
Etwas ist, so muss im Allgemeinen nach dem Wesen
des Eins gefragt werden. Bei den Farben ist nun die
Einheit eine Farbe, z. B. das weisse, weil die übrigen
aus weiss und schwarz entstehen. Wären also die Dinge
Farben, so würden sie sicherlich eine Zahl sein. Aber
die Zahl wovon? Offenbar von Farben. Und das Eins
würde ein bestimmtes Eins sein, z. B. das Weisse. Da
dies bei allen Dingen und in allen Kategorien wahr ist,
so findet es auch auf die Substanzen Anwendung. Un-
gefähr dasselbe lesen wir XIV. 1. 1087. b. 33 sq.; daraus folgt, 1088. a. 4, dass das Eins das Mass einer

Menge bedeutet und die Zahl eine gemessene Menge oder
eine Menge von Massen. Es gehört aber das Eins und
das Mass in die Kategorie der Quantität. Ueberall werden sie implicite getadelt, dass sie die specifischen Differenzen und die eigenthümlichen Eigenschaften vernach-
lässigten, cf. I. 8. 990. a. 13. Auf diese Weise können
sie natürlich nie das Individuelle der Dinge erfassen; und
doch muss man nicht nur dem Gesetze der Homogeneität,
sondern auch dem der Specification gerecht werden. Daher kommt es, dass ihnen mehrere Dinge identisch werden, XIV. 6. 1093. a. 2. Ja wären sie consequent, so
müssten sie behaupten, dass Alles Eins ist, d. h. dasselbe,
VII. 11. 1036. b. 20. Hier fällt Einem der Anfang des
ersten Buches de anima ein: εἰ δὲ μή ἐστι μία τις καὶ
κοινὴ μέθοδος περὶ τὸ τί ἐστιν, ἔτι χαλεπώτερον γίνεται
τὸ πραγματευθῆναι· δεήσει γὰρ λαβεῖν περὶ ἕκαστον τίς
ὁ τρόπος.

Es ist ein durchaus zu tadelndes Verfahren, wenn
Reinhold p. 44 die rein aristotelische Ansicht vom Eins
und dessen Gleichsetzung mit dem Mass den Pythagoreern
unterschiebt und p. 42 geradezu sagt: „X. 2 haben wir
anzuführen für zweckmässig gehalten, weil sie (die Stelle)
ein sehr erfreuliches Licht auf den Sinn wirft, in welchem
die Pythagoreer von der Einheit und von dem Bestimm-
baren als den Principien und von der Zahl als der Wesen-
heit der Dinge gesprochen haben." Das heisst doch ge-
waltsam die Meinungen verwirren, wenn man des Aristoteles Ansicht für den Sinn der Pythagoreer ausgiebt,
und zwar nur, um ein schönes harmonisches Ganze aus
Fragmenten zu schmieden. Aber die Wahrheit muss in
historischen Dingen mehr als die Schönheit gelten. Und
dass nicht alles einfach und leicht in Uebereinstimmung
zu setzen sei, sagt Aristoteles ausdrücklich genug XIV. 6.
1093. b. 16: ἔοικε συμπτώμασιν μαθηματικὰ θεωρήματα,

wenn man es nicht schon aus dem ganzen System erkennen würde.

Die Ansicht des Aristoteles über das Unbegrenzte
lernen wir aus Phys. III. 5. 204. a. 20. „Das Unbegrenzte kann einerseits nicht wirklich existiren, andererseits nicht Substanz oder Princip sein. Denn entweder
ist es untheilbar oder es kann in mehrere Unendliche getheilt werden. Wie ein Theil der Luft wieder Luft ist,
so müsste ein Theil des Unendlichen wieder unendlich
sein, wenn es Substanz und Princip wäre. Da das unmöglich ist, muss es untheilbar sein. Sodann kann das
actu Existirende nicht unendlich sein; denn das Aktuelle
muss eine bestimmte Grösse haben. Da das Unendliche
diese nicht hat, existirt es nur κατὰ. συμβεβηκός, per ac-
cidens, d. h. als Eigenschaft. Folglich ist nicht das Unendliche, sondern das ist Princip, dem es inhaerirt, z. B.
die Luft oder das Gerade. Deshalb urtheilen die Pythagoreer und andere falsch, wenn sie das Unendliche Substanz nennen und es dennoch in Theile zerlegen.“ Aristoteles meint dies wol so: Da das Unendliche in den Zahlen
sich befindet, diese aber bestimmt sind, so muss auch das
Unendliche in jeder Zahl bestimmt, d. h. begrenzt, ein
Theil des allgemeinen Unendlichen sein.

Was nun die beiden entgegengesetzten Principien des
Unbegrenzten und Begrenzten betrifft, so ist von vorn
herein klar, dass sie dem Aristoteles nicht als Principien
gelten können. Er spricht darüber Met. XIV. 1. 1087.
a. 29: „Alle Philosophen nehmen auf dem Gebiete der
sinnlichen Dinge wie auf dem der unbewegten Substanzen
Entgegengesetztes als Principien an. Das lässt sich nicht
beweisen. Denn da nichts früher sein kann als das
Princip aller Dinge, so ist es unmöglich, dass das Princip,
wenn es etwas Anderes, also an einem zu Grunde Lie-
genden ist a. 35; b. 1, Princip sei; wenn Jemand z. B.

sagt, das Weisse sei Princip, insofern es weiss soi, zu-
zugleich aber inhärire es einem Andern. Hiermit kann
man An. post. I. 22. 83. a. 30 vergleichen: ὅσα δέ μὴ
οὐσίαν σημαίνει, δεῖ κατά τινος ὑποκειμίνου κατηγορεῖϑαι,
καὶ μὴ εἶναί τι λευκόν, ὃ οὐχ ἕτερόν τι ὂν λευκόν ἐστιν.
Aber wenn man entgegengesetzte Principien annimmt, so
setzt man, weil aus Entgegengesetztem nur die zu Grunde
liegende Materie wird, offenbar solche Principien, welche
nothwendig an einem Substrat sind und nicht für sich
existirende Substanzen. ἐναντία bezeichnet nämlich bei
Aristoteles immer ποιότητας, Eigenschaften, die niemals
Substanz sein können, τὰ καϑ᾽ ὑποκειμένου niemals ὑποκείμενον Met. VII. 13. Folglich sind die Gegensätze,
fährt Aristoteles fort, auf ein höheres Princip zurückzu-
führen. Met. XII. 2. 1069. b. 6 heisst es nun weiter:
Es muss nothwendig Etwas zu Grunde liegen, was in die
entgegengesetzte Form übergehen kann; denn die Gegensätze selbst verändern sich nicht; ferner dauert das zu
Grunde Liegende fort, das Entgegengesetzte aber nicht.
Es giebt also etwas drittes neben den Gegensätzen, die
Materie; cf. Phys. IV. 9. 217. a. 21: ὅλη μία τῶν ἐναντίων, und Met. XII. 10. 1075. b. 17; b. 22.

Fehlt ihnen also die causa materialis auf der einen
Seite, so vermisst man andererseits die entgegenstehende
Finalursache und den höchsten Zweck, von dem alle
Formen vorgedacht sind und die vollkommene Bewegung
ausgeht, zu dem alles strebt oder, anders ausgedrückt,
dessen bestem Gedanken der ganzen Welt Alles sich
ähnlich zu machen sucht, um selbst so gut als möglich
zu werden. cf. Schneider, de causa finali Arist. p. 80.

Es bleibt mir noch übrig die aristotelische Kritik der
Pythagoreer durch das Ende der Metaphysik XIV. 6.
1073. b. 7 abzuschliessen. „Es entging ihnen, wie das
von der Zahlentheorie Gelobte oder Getadelte und das

Mathematische so beschaffen (d. h. concret) und Ursachen
der Dinge sein könnten. Denn Nichts von alle dem lässt
sich auf die von uns festgestellten Arten von Ursachen
zurückführen. Wie durch Zufall scheinen alle ihre Be-
hauptungen entstanden zu sein; sie sind freilich durch
eine gewisse Verwandtschaft verbunden; aber die Einheit
ist nur die der Analogie, wie man sie in jeder Kategorie
finden kann; was z. B. bei den Linien die Gerade, das
ist vielleicht bei den Flächen die Ebene, bei den Zahlen
das Ungerade, bei den Farben das Weisse. Aber trotz
dieser mannichfachen Fehler bleibt uns doch ein Trost;
denn obgleich wir die Ursächlichkeit der Zahlen nicht
eingesehen haben, so trafen sie doch darin das Wahre,
dass sie dem Guten Existenz zuschrieben und behaupteten,
das Ungerade der Zahl, das Geradlinige, das Gleiche, die
Eigenthümlichkeiten gewisser Zahlen seien in die Reihen
des Guten zu setzen.

Nachdem ich so die einzelnen Punkte nach der An-
leitung des Aristoteles beleuchtet, sei es mir gestattet,
seine Kritik hier noch einmal kurz zusammen zu fassen.
Die Gegensätze des Begrenzten und des Unbegrenzten
können nicht als Principien gelten, weil sie die Eigenschaften von Substraten sind. Setzt man sie aber, so
kann aus ihnen nichts entstehen; denn sie können nicht
in reale Beziehung treten, weil die vereinigende Bewegung
fehlt. Aber selbst angenommen, es könne, nach ihrer Behauptung, Etwas werden, so entstehen Zahlen, die mit den
Dingen identisch sein sollen. Welcher Unterschied waltet
aber zwischen den Zahlen und Dingen ob! Obgleich
man den Zahlen Ausdehnung zuschreibt, haben sie diese
nicht, da die sie erzeugende Einheiten als abstrakte dieselbe entbehren. Aus den Zahlen also, reinen Begriffen,
kann niemals die sinnliche Ausdehnung noch die Schwere

oder irgend eine andere Eigenschaft der Dinge hervor-
gehen. Wie aber im Anfang nichts werden konnte, ist
auch jetzt noch alle Veränderung und Entstehung unmöglich. Die Ewigkeit der Himmelskörper lässt sich nicht
begreifen, da das Sein der Zahlen von Bedingungen abhängt. Wie Materie und Bewegung vermisst wird, ebenso
Form und Zweck. Denn welche Form bilden die Zahlen
und Dinge? Sie werden nur gezählt. Was sie waren
sind sie jetzt und in Zukunft, nämlich Zahlen. In diesem
traurigen Einerlei schwindet alles Leben. Denn es ist
nicht einmal ein Grund abzusehen, warum die Dinge sich
bewegen oder verändern sollten; es giebt keinen Zweck,
der erstrebt werden könnte. Und einen Lenker der Welt,
einen letzten Zweck, dem sich die Natur entgegenbilde,
sucht man vergebens.

— · ·

III.
Kritik zweier Fragmente.

Als Kriterien der Echtheit lassen sich folgende Sätze aufstellen:

1. Was Aristotelischen Angaben widerspricht, ist unecht.

2. Was mit ihnen übereinstimmt, braucht darum nicht echt zu sein; es kann Aristoteles zur Quelle haben.

3. Enthalten die Fragmente etwas, worüber im Aristoteles keine Notiz, so ist es entweder nach dem Charakter des ganzen Systems zu beurtheilen, oder ein kritisches non liquet auszusprechen.

Bei den folgenden Fragmenten wird, wie bei den meisten, die eigene innere Schwäche, das unlogische Denken und die Widersprüche mit dicht dabeistehenden Sätzen eine Vergleichung mit der Aristotelischen Darstellung fast überflüssig machen.

Es sind zwei grössere Bruchstücke gewählt worden, die von den Principien handeln. Denn sind die Verfasser über das grundlegende Allgemeine im Unklaren oder gar im Irrthum, was lässt sich dann im Einzelnen von ihnen erwarten?

Bei „Orelli, opuscula Graecorum veterum sententiosa et moralia, Lipsiae 1821, Tom. II. p. 269," findet sich folgendes Fragment des Archytas:

Ἀνάγκα δύο ἀρχὰς ἦμεν τῶν ὄντων, μίαν μὲν τὰν
συστοιχείαν ἔχουσαν τῶν τεταγμένων καὶ ὁριστῶν, ἑτέραν
δὲ τὰν συστοιχείαν ἔχουσαν τῶν ἀτάκτων καὶ ἀορίστων.
Καὶ τὰν μὲν ῥητὰν καὶ λόγον ἔχουσαν καὶ τὰ ἐόντα
ὁμοίως συνέχεν, καὶ τὰ μὴ ἐόντα ὁρίζεν καὶ συντάσσειν.
Πλατιάζουσαν γὰρ ἀεὶ τοῖς γιγνομένοις, εὐλίγως καὶ
εὐρύθμως ἀνάγεν ταῦτα, καὶ τὸ καθ᾿ ὅλω ὠσίας τε καὶ
εἴδεος μεταδιδόμεν. Τὰν δ᾿ ἄλογον καὶ ἄρρητον καὶ τὰ

Da Petersen, der bedeutendste Vertheidiger der Archi-
täischen Fragmente, in seinen „Historisch-philolog. Stu-
dien, Hamb. 1832 p. 34,“ sagt, die bei Stobäus erhaltenen
Bruchstücke des Archytas entweder alle stehen oder alle
fallen müssten, so wird auch aus diesem Grunde dies
eine Fragment genügen. Den Anfang bis μεταδιδόμεν
hat schon O. F. Gruppe in seiner Preisschrift „Ueber die
Fragmente des Archytas, Berlin 1840, p. 98,“ behandelt,
der dort richtig bemerkt: „dass sich als ganz entschieden
platonisch die Vorstellung zeige, dass das Seiende und
Ewige den Dingen und selbst dem Nichtseienden durch
Annäherung und Mittheilung erst ὠσία καὶ εἶδος gebe.“
Dass nur zwei Principien genannt werden, ist pythagoreisch.
Bei der Frage aber, welche dies sind, fällt sogleich auf,
dass nicht πέρας und ἄπειρον sondern statt dessen die
zwei συστοιχεία erwähnt werden, welches Wort offenbar
rein aristotelisch ist, wovon man sich leicht überzeugen
kann durch Vergleichung folgender Stellen: Met. I. 5;
E. N. I. 4; Π. 5; Top. II. 9; An. post. I. 29; Met. X. 3;
III. 2; XII. 7; Waitz ad org. II. 388 sq. Selbst bei
Plato kommt es nicht vor. Auch ὁριστός ist wohl nicht
nachweisbar bei älteren Philosophen; es scheint aus dem
aristotelischen ὁρίζεσθαι, ὁρισμὸς etc. gebildet. Doch lässt
sich dieser Terminus und die Einführung der Reihen statt
der einfachen Principien noch ertragen; ebenso das Wort

συντεταγμένα λυμαίνεσθαι, καὶ τὰ ἐς γένεσίν τε καὶ
ὠσίαν παραγινόμενα διαλύειν· πλατιάζουσαν γὰρ ἀεὶ τοῖς
πράγμασιν ἐξομοιοῦν αὐτᾷ ταῦτα. Ἀλλ' ἐπείπερ ἀρχαὶ
δύο κατὰ γένος ἀντιδιαιρούμεναι τὰ πράγματα τυγχάνοντι,
ιᾦ τὰν μὲν ἦμεν ἀγαθοποιὸν, τὰν δ' ἦμεν κακοποιὸν,
ἀνάγκα καὶ δύο λόγως ἦμεν, τὸν μὲν ἕνα τᾶς ἀγαθοποιῶ
φύσιος, τὸν δ' ἕνα τᾶς κακοποιῶ. Διὰ τοῦτο καὶ τὰ
τέχνᾳ, καὶ τὰ φύσει γινόμενα δύο τούτων πρᾶτον μετεί-

ρητὸς, was doch nichts anders bedeuten kann wie πεπερασμένον, obwohl es befremdet. Aber was soll die Reihe
des πέρας mit dem λόγον ἔχουσαν? Dass μὴ ἐόντα nicht
pythagoreisch, bemerkt schon Gruppe. Dass die Pythagoreer schon die Division gekannt hätten, wie die Worte
κατὰ γένος ἀντιδιαιρούμεναι bezeichnen, davon erwähnt
Aristoteles nichts; Plato ist ja ihr Erfinder und hat sie
zuerst wissenschaftlich angewandt. Und von den Pythagoreern werden die Dinge nicht nach den Principien geschieden, weil sie in allen sind. Das folgende ἀγαθοποιὸν
und κακοποιὸν erinnert an Eth. Nic. II. 5. 1106. b. 29;
ἀγαθοποιὸν findet sich übrigens nicht vor der Septuaginta
und Plut. Is. et Os. 24. Was aber soll das heissen: da
es die beiden Classen giebt, müssen nothwendig auch zwei
Begriffe sein, der eine der gutes erzeugenden Natur, der
andere der schlechtes erzeugenden? Wenn das bedeutet,
dass wir von den beiden Classen der Dinge diese Begriffe
abstrahiren, so ist das nicht pythagoreisch. Ebensowenig,
wenn das Wort λόγος Classe bedeutet; dann würde ausserdem die Apodosis denselben Gedanken enthalten, welchen
die Protasis ausspricht. Bisher waren das Begrenzte und
das Unbegrenzte Principien, deren Ersteres den Dingen
die Substanz des Allgemeinen und die Form ertheilte. In
erster Linie sind bei Aristoteles die Individuen Substanz;
in zweiter auch das Allgemeine, z. B. Met. VII. 3. in.

ληφεν, τᾶς τε μορφὼ καὶ τᾶς ωσίας. Καὶ ἁ μὲν μυρφώ
ἐντι αἰτία τῶ τόδε τι ἤμεν· ἁ δ' ωσία τὸ ὑποκείμενον,
ὑποδεχόμενον ταν μορφώ. Οὔτε δὲ τᾷ ωσίᾳ οἷόν τέ
ἐντι μορφᾶς μετεῖμεν αὐτᾷ ἐξ αὐτᾶς, οὔτε μὰν τὰν
μορφὼ γενέσθαι περὶ τὰν ωσίαν, ἀλλ' ἀναγκαῖον ἑτέραν
τινὰ ἤμεν αἰτίαν τὰν κινάσοισαν τὰν ἐστὼ τῶν πραγμάτων
ἐπὶ τὰν μορφώ. Ταύταν δὲ τὰν πράταν τᾷ δυνάμει καὶ
καθυπερτάταν ἤμεν τᾶν ἀλλᾶν· ὀνομάζεσθαι δ' αὐτὰν

Der Fortschritt des Gedankens ist dieser: „Weil die Principien die Dinge theilen, deshalb nehmen die Kunst-
und die Naturprodukte zuerst an jenem, der Form und
der Substanz, Theil." Richtiger hätte gestanden: deshalb
werden die Kunst- und Naturprodukte nach den Principien
geschieden. Weil dies nicht folgt, ist das διὰ τοῦτο un-
sinnig. Also sie nehmen an jenen beiden Theil; man
erwartet an dem ὁριστὸν und ἀόριστον oder an dem
ἀγοθοποιόν und κακοποιόν; statt dessen heisst es: τᾶς
τε μορφῶ καὶ τᾶς ωσίας. Aber das ist ja unmöglich;
wenn die Dinge den Principien gemäss in zwei Classen
zerfallen, so ist die eine Classe unbegrenzt, die andere
begrenzt. Woher kommt nun plötzlich die Theilnahme
aller Kunst- und Naturprodukte an der μορφῶ καὶ ωσίας?
Es schliesst sich die Erklärung dieser Termini an. Die
Gestalt ist die Ursache, warum etwas ein τόδε τι ein
Individuum ist; οὐσία aber ist das Substrat, das die Form
aufnimmt. Also die dritte Bedeutung von οὐσία, die bei
Aristoteles vorkommt. Da haben wir den Peripatetiker.
Im Verfolg bleibt diese Bedeutung der Substanz. Der
Namen der Materie, ὑποδεχόμενον weist auf Plato's Tim.
49 A. zurück: ὑποδοχὴν οἷον τιθήνην, oder auf Ar. de
gen. et corr. I. 10. 328. b. 10: θάτερον μὲν δεκτικὸν
θάτερον δ' εἶδος, et I. 4. 320. a. 2: ἔστι δὲ ὕλη μάλιστα
μὲν καὶ κυρίως τὸ ὑποκείμενον γενέσεως καὶ φθορᾶς

ποθήκει θεόν· ὥστε τρεῖς ἀρχὰς ἦμεν ἤδη, τόν τε θεόν,
καὶ τὰν ἐστὼ τῶν πραγμάτων, καὶ τὰν μορφώ. Καὶ τὸν ·
μὲν θεὸν τεχνίταν, καὶ τὸν κινέοντα· τὰν δ' ἐστὼ τὰν
ὕλαν, καὶ τὸ κινεόμενον· τὰν δὲ μορφὼ τὰν τέχναν καὶ
ποθ' ἃν κινέεται ὑπὸ τοῦ κινέοντος ἃ ἐστώ. Ἀλλ' ἐπεὶ
τὸ κινεόμενον ἐναντίας ἑαυτῷ δυνάμιας ἴσχει τὰς τῶν
ἁπλῶν σωμάτων, τὰ δ' ἐναντία συναρμογὰς τινος δεῖται
καὶ ἑνώσιος, ἀνάγκα ἀριθμῶν δυνάμιας καὶ ἀναλογίας,

δεκτικόν. Dass dieser Begriff dem Plato und Aristoteles
gemeinsam sei, erkennt letzterer selbst an de caelo III.
8. 306. b. 17: ἀειδὲς καὶ ἄμορφον δεῖ τὸ ὑποκείμενον
εἶναι· μάλιστα γὰρ ἃν οὕτω δύναιτο ῥυθμίζεσθαι, καθάπερ
ἐν τῷ Τιμαίῳ γέγραπται, τὸ πανδεχές. cf. Tim. 51 A.
Aber um die Materie zur Form hinzubewegen, bedarf es
eines Bewegers (cf. Pl. Tim. 29 D; 35 A); nachdem der
Verfasser diesen Gott genannt hat, sagt er: also sind
drei Principien. Dass diese drei nicht die pythagoreischen
sind, liegt auf der Hand. Alles was Aristoteles vermisst
an ihrer Theorie, hier wird es gegeben. Die nächsten
Worte nennen Gott Künstler, welche Bezeichnung Gottes
sich weder bei Plato noch bei Aristoteles findet, indessen
des erstern Anschauung gemäss ist. Wie hätte Plato der
Künstler, nicht von seinem Freunde, wie man sagt (cf.
Jambl. vita Pyth. 127), Archytas diesen grossen Begriff
herübergenommen, wenn jener ihn gehabt? Aber der
Plagiator wollte doch etwas Pythagoreisches bringen, nämlich die Zahlen anwenden, kann aber von Aristoteles
nicht los, wenn er sagt: da das Bewegte, also die Materie einander entgegengesetzte Fähigkeiten δυνάμεις hat,
das Entgegengesetzte aber der Harmonie und der Einigung
bedarf, so mus es nothwendig die Eigenschaften und
Analogien von Zahlen aufnehmen, die das Entgegengesetzte
zusammenfügen und einigen können. Das Wort συναρμογὴ

καὶ τὰ ἐν ἀριϑμοῖς καὶ γεωμετρικοῖς δεικνύμενα παρα-
λαμβάνειν, ἃ καὶ συναρμῶσαι καὶ ἐνῶσαι τὰ ἐναντιώτατα
δυνασεῖται ἐν τᾷ ἐστῷ τῶν πραγμάτων ποττὰν μορφώ.
Καϑ᾽ αὐτὰν μὲν γὰρ ἐάσσα ἁ ἐστώ, ἀμορφός ἐντι, κινα-
ϑεῖσα δὲ ποτὶ τὰν μορφώ, ἔμμορφος γίνεται, καὶ λόγον
ἔχοισα τὸν τᾶς συντέ ξιος. Ὁμοίως δὲ καὶ τὸ δυσκινέετον
καὶ τὸ πράτως κινέον· ὥστ᾽ ἀνάγκα τρεῖς ἦμεν τὰς ἀρχὰς,
τάν τε ἐστὼ τῶν πραγμάτων, καὶ τὰν μορφώ, καὶ τὸ ἐξ

findet sich nur bei Tim. Locr. περὶ ψυχᾶς κόσμου 98 B;
wie gross der Werth dieser Schrift, ist bekannt.

Sechs Principien haben wir also kennen gelernt: die
beiden Reihen, den Stoff, die Form, Gott, die Harmonie.
Darauf folgt bis zum Schluss theils schon Gesagtes, theils
Einiges vom Gleichen oder Ungleichen, was vielleicht
pythagoreisch, eher platonisch ist; und von der᾽ γένεσις
und φϑορά, die nicht pythagoreisch sind; die desultorische
Erwähnung aber der Entstehung scheint angebracht zu
sein, um doch über diesen Punkt etwas gesagt zu haben,
weil Aristoteles dessen Vernachlässigung so streng tadelt.
Indessen hat vielleicht der Verfasser des Aristoteles Worte
gar nicht gekannt und eben nur zufällig die Entstehung
berührt.

Nur ein Unsinn ist noch zu zeigen. Es steht da:
die Materie wird, zur Form geführt, geformt. Daran
schliesst sich ebenso unlogisch, wie das obige διὰ τοῦτο,
an: ὁμοίως (ähnlich) τὸ δυσκινέετον (d. h. nicht Be-
wegliche) καὶ κινεόμενον ist τὸ πράτως κινέον. Der
erste Beweger ist bekanntlich aristotelisch Met. XII. 7,
wo er unbewegt genannt wird (cf. Phys. II. 7; VIII. 9);
hier aber ist er schwer beweglich, also doch wol unbe-
weglich, denn was sollte den ersten Beweger bewegen,
und trotzdem doch bewegt. Bei Aristoteles fällt er mit
dem reinen νοῦς und der vollen ἐνέργεια zusammen, da

5

αὐτῷ κινατικὸν καὶ ἀόρατον δυνάμει. Τὸ δὲ τοιοῦτον
οὐ νόον μόνον ἦμεν δεῖ, ἀλλὰ καὶ νόω τι κρέσσον· νόω
δὲ κρέσσον ἐντί, ὅπερ ὀνομάζομεν θεόν, φανερᾶς. Ὁ μὲν
ὦν τῷ ἴσω λόγος περὶ τὰν ῥητὰν καὶ λόγον ἔχοισαν
φύσιν ἐντί. Ὁ δὲ τῷ ἀνίσω περὶ τὰν ἄλογον καὶ ἄρρη-
τον· αὐτὰ δ' ἐντὶ ἅ ἐστώ, καὶ διὰ τοῦτο γένεσις καὶ
φθορὰ γίνεται περὶ ταύταν, καὶ οὐκ ἄνευ ταύτας.

alles dynamische doch aus einem πρότερον, das wirklich
ist, hervorgegangen sein muss (cf. de an. III. 7 in; Met.
IX. 1—10). Aber unserem Fälscher ist das πρῶτον
κινοῦν etwas, das sich bewegen kann und unsichtbar
ist der Möglichkeit nach, welches letztere ich nicht
verstehe. Und ein solches soll noch höher als die Vernunft sein; dieses Höhere aber sei Gott. Hatte sich
Aristoteles zu dem reinen Denken als dem Höchsten das
er fassen konnte erhoben, so haben wir hier offenbar
einen nacharistotelischen, einen neuplatonischen Gedanken
vor uns. cf. Plotin Ennead. III. 8. Das Eine, der Ur-
grund sei höher als die Vernunft, ὑπερβεβηκὸς τὴν νοῦ
φύσιν.

Da Boeckh im Philolaus p. 38 sagt: „gab es nur
ein philolaisches, ächtes oder unechtes Werk, so bleibt
nichts übrig, als alles Vorhandene als echt anzuerkennen
oder als unecht zu verwerfen,“ so mag hier ebenso wie
bei Archytas nur ein Fragment und zwar eins metaphy-
sischen Inhalts untersucht werden. Denn Schaarschmidt
hat in seinem schon oft erwähnten Buche alle Fragmente
genau geprüft und zuweilen mit Aristoteles verglichen;
auch ihren Ursprung in Aristoteles Plato den Stoikern
aufgezeigt. In einem Punkte muss ich von ihm abweichen.

Die Stelle Met. I. 5, τὸ δ' ἕν ἐξ ἀμφοτέρων εἶναι τούτων will er p. 38 so verstanden wissen, „dass die Pythagoreer das Eine als die gemeinschaftliche Potenz oder Quelle des Geraden und Ungeraden und damit der Zahl überhaupt ansahen,“ worauf p. 39 folgt: kein vernünftiger Mensch kann das Eine als zusammengefügt bezeichnen. Dagegen ist zuerst einzuwenden, dass die Worte folgen, τὸν δ' ἀριθμὸν ἐκ τοῦ ἑνός; wenn aber in beiden Stellen das ἐκ dasselbe bedeuten muss, nämlich den Ursprung, so folgt, dass das Eins aus dem Geraden und Ungeraden entstanden ist, aus dem Eins sodann die Zahlen. Zweitens wird das Eins zusammengesetzt genannt Met. XIV. 3. 1091. a. 15: ἑνὸς συσταθέντος.

Ich habe die Stelle gewählt, welche bei Stobaeus Ecl. Phys. c. 21. d. 454; ed. Meineke p. 127—128 steht.

Ἀνάγκα τὰ ἐόντα εἶμεν πάντα ἢ περαίνοντα ἢ ἄπειρα, ἢ περαίνοντά τε καὶ ἄπειρα, ἄπειρα δὲ μόνον οὐ κα εἴη. ἐπεὶ τοίνυν φαίνεται οὔτ' ἐκ περαινόντων πάντων ἐόντα οὔτ' ἐξ ἀπείρων, δῆλόν τ' ἄρα ὅτι ἐκ περαινόντων τε καὶ ἀπείρων ὅ τε κόσμος καὶ τὰ ἐν αὐτῷ συναρμόχθη. δηλοῖ δὲ καὶ τὰ ἐν ἔργοις. τὰ μὲν γὰρ αὐτῶν ἐκ περαινόντων περαίνοντα, τὰ δ' ἐκ περαίνοντων τε καὶ ἀπείρων περαίνοντά τε καὶ οὐ περαίνοντα, τὰ δ' ἐξ ἀπείρων ἄπειρα φανέονται.

Es wird ein allgemeiner Satz aufgestellt, zu dessen Beweis ein Beispiel aus der Erfahrung folgt, beginnend mit den Worten: δηλοῖ δὲ καὶ τὰ ἐν ἔργοις. Solche Argumentationen aus einem Beispiel, die durch ein kurzes δῆλον etc. angeknüpft werden, findet man bei Aristoteles oft; z. B. E. N. I. 12. 1101. b. 18: δῆλον δὲ τοῦτο καὶ ἐκ τῶν περὶ τοὺς θεοὺς ἐπαίνων; VI. 5: σημεῖον δ' ὅτι καὶ τοὺς φρονίμους λέγομεν, und öfter; bei Plato begegnet man dergleichen nicht. Auch jener abstrakte Ausdruck, τὰ ἐν τοῖς ἔργοις, scheint mir seltsam, den ich

5*

nicht zu verstehen bekenne; Boeckh Phil. p. 50 glaubt,
Kunstprodukte seien damit gemeint. Betrachten wir aber
den Inhalt, so zeigen sich sofort trotz des scheinbar ganz
logischen Beweises Widersprüche. Es ist nothwendig,
sagt der Verfasser, dass alles Seiende entweder begrenzend oder unbegrenzt sei oder begrenzend und unbegrenzt,
und dann wird sofort gesagt, unbegrenzt allein kann es
nicht sein. Dann ist es also doch wol nicht nothwendig,
dass alles entweder begrenzt oder unbegrenzt sei. Nun
werden die beiden ersten Fälle als unmöglich bezeichnet,
obgleich schon vorher bemerkt ist, dass aus Unbegrenztem allein das Vorhandene nicht sein kann; und es bleibt
nur übrig, dass alles aus Begrenzendem und Unbegrenztem
sei. Der Verfasser bedient sich hier der disjunctiven
Methode, die alle denkbaren Fälle aufstellt und alle bis
auf einen als unmöglich darthut. Bei Plato entsinne ich
mich nicht, diese Art, die die möglichen Fälle vorher
aufzählt, bemerkt zu haben. Erst Aristoteles hat sie,
z. B. E. N. VI. 10. Es zeigt sich nun das eigenthümliche Schauspiel, dass der die Methode, aber nicht richtiges
Denken kennende Verfasser ein Beispiel anzieht, welches
gerade das Gegentheil von dem beweist, das es beweisen
soll. τὰ ἐν τοῖς ἔργοις müssten doch wie alle ἐόντα bestehen ἐκ περαινόντων καὶ ἀπείρων; aber er behauptet,
es giebt Dinge aus Begrenzendem begrenzt, aus Begrenzendem und Unbegrenztem begrenzend und nicht begrenzend, und endlich solche, die aus Unbegrenztem geworden
unbegrenzt sind. Also ist seine allgemeine Behauptung
falsch. Uebrigens hatte er schon oben gesagt: ἄπειρα δὲ
μόνον οὔ κα εἴη.

Der Inhalt soll pythagoreisch sein. Es wäre nach
Aristoteles zu erwarten, dass als das Wesen der Dinge
die Zahl angegeben würde; davon wird nichts erwähnt.
Von dem, was in Verfolg von den Zahlen vorkommt,

wird sich zeigen, dass es dies nicht bedeutet. Bei Aristoteles werden als Principien der Zahl πέρας oder πεπερασμένον und ἄπειρον angeführt, und diese Beziehung der
Principien auf die Zahl ist dem System so wesentlich,
dass ein Pythagoreer sie offenbar bei einer Besprechung
von Principien, wie dies doch (bei Boeckhs Annahme) im
Anfang des Werkes geschehen musste, gar nicht übergehen konnte. Der arithmetische Charakter des περαῖνον
und ἄπειρον ist hier also durchaus vernachlässigt. Vielmehr
erscheinen sie sofort als Principien der Dinge, als ob die
Dinge gar nicht Zahlen wären. Diese Fassung erinnert
nicht nur an Platos Philebus, sondern ist geradezu daraus
entlehnt. Nicht zu grosses Gewicht, aber doch einiges
darf man darauf legen, dass für πέρας oder πεπερασμένον
was Aristoteles nur braucht, hier constant περαῖνον angewandt wird, was schon Aktivität ausdrückt. Wie oben
bemerkt, hätte Aristoteles sicher den Terminus der Pythagorcer gebraucht, wenn ein constanter vorhanden gewesen
wäre. Vielmehr scheint sein Schwanken im Ausdruck
anzudeuten, dass er keinen solchen kannte, vielleicht, dass
er nicht περαῖνον war.

Es folgt bei Stobaeus:

καὶ πάντα γα μὰν τὰ γιγνωσκόμενα ἀριθμὸν ἔχοντι.
οὐ γὰρ οἷόν τε οὐδὲν οὔτε νοηθῆμεν οὔτε γνωσθῆμεν
ἄνευ τούτω. ὅ γα μὰν ἀριθμὸς ἔχει μὲν δύο ἴδια εἴδεα
περισσὸν καὶ ἄρτιον, τρίτον δὲ ἀπ' ἀμφοτέρων μιχθέντων
ἀρτιοπέρισσον. ἑκατέρω δὲ τῶ εἴδεος πολλαὶ μορφαί,
ἃς ἕκαστον αὐταυτὸ δημαίνει.

Wir lernen hier zuerst, dass alles Erkannte Zahl
hat, nicht dass es Zahl ist, abweichend von dem Be-
richt des Aristoteles. Dass man nichts ohne Zahl denken
noch erkennen könne, ist pythagoreisch. Im Folgenden
hat die Zahl zwei eigenthümliche Gattungen, εἴδεα,
ungerade und gerade. Sollte εἴδεα ein pythagoreischer

Begriff sein? Von der eigenthümlichen Auffassung, dass das Ungerade begrenzt, das Gerade unbegrenzt sei, erfahren wir seltsamer Weise nichts. Es lag darin für die Pythagoreer ein bequemer Uebergang von den Zahlen zu den Dingen. Hier aber hat die Zahl ἴδια εἴδεα: als ob denn die Dinge nicht ebenso das περισσὸν καὶ ἄρτιον enthielten. cf. Ar. Phys. III. 4. 203. a. 10: τὸ ἄπειρον εἶναι τὸ ἄρτιον· τοῦτο γὰρ ἐναπολαμβανόμενον καὶ ὑπὸ τοῦ περιττοῦ περαινόμενον παρέχειν τοῖς οὖσι τὴν ἀπειρίαν. Die Zahlen können nichts Eigenthümliches haben, weil alles Zahl ist. Darauf wird eine dritte Gattung genannt: ἀρτιοπέρισσον. Man kann übersehen, dass das Eins eine Gattung, obgleich kein ἴδιον εἶδος heisst. Das Eins hat der Verfasser offenbar gemeint, wie aus dem Folgendem sich ergiebt, wo er diese letzte Gattung auslässt: „von beiden Gattungen giebt es viele Gestalten, welche (Gestalten) jede an sich selbst zeigt. αὐταυτό ist ein sehr seltenes Wort. Der Relativsatz aber sagt nichts anderes als der Hauptsatz; mit schlichten Worten heisst das Ganze: beide Arten haben viele Gestalten, welche sie haben. Haben die Pythagoreer sich dorischer Kürze befleissigt, so machten sie gewiss nicht so überflüssigen Wortschwall.

Ueber den Begriff des Eins wird uns nichts gelehrt. Zeller ist I. 252 not. 1. der Ansicht, mit ἀρτιοπέρισσον sei nicht das Eins gemeint, weil dies nicht eine Gattung genannt werden könne, sondern diejenigen Zahlen, welche durch 2 getheilt eine ungerade Zahl ergeben. Diese Ansicht könnte man schon deswegen abweisen, weil sie sich auf Jamblich. in Nicom. p. 29 und andere nachchristliche Schriften stützt. Denn wenn keine Bücher der alten Pythagoreer existirten, woher hatte dann Jamblichus die Kenntniss? Aber der Inhalt der angezogenen Stelle spricht bei genauerer Betrachtung selbst gegen sich. Sie lautet:

ἀρτιοπέρισσον δέ ἐστιν ὁ καὶ αὐτὸς μὲν εἰς δύο ἴσα κατὰ τὸ κοινὸν διαιρούμενος, οὐ μέντοι γε τὰ μέρη ἔτι διαιρετὰ ἔχων, ἀλλ' εὐθὺς ἑκάτερον περισσόν. Geradungerad wäre also z. B. sechs. Aber sechs ist zugleich gerade. Zu welcher Classe soll man es nun rechnen? Doch wenn ich recht sehe, ist diese Ansicht schon von Aristoteles genügend widerlegt. Met. I. 5. 986. a. 17 wird τὰ ἓν ausdrücklich den andern Zahlen gegenübergestellt und allein geradungerad genannt. Hier ist die Stelle: τοῦ δὲ ἀριθμοῦ στοιχεῖα τό τε ἄρτιον καὶ τὸ περιττὸν, τούτων δὲ τὸ μὲν πεπερασμένον τὸ δὲ ἄπειρον, τὸ δ' ἓν ἐξ ἀμφοτέρων εἶναι τούτων, καὶ γὰρ ἄρτιον εἶναι καὶ περιττόν. Warum hätte Aristoteles diese Zahl allein genannt, wenn auch andere derselben Natur gewesen wären? Die Quelle des Irrthums in der Stelle des Jamblichus ist übrigens leicht zu erkennen. Man hatte keine Ahnung mehr davon, dass das Gerade und Ungerade die Principien der Zahlen seien; sondern man hielt sie für rein arithmetische Beschaffenheiten der betreffenden Zahlen. So musste man Zahlen suchen, auf die das Geradungerade passte. Leider bemerkte der Verfasser nicht, dass bei seiner Erklärung diese Bezeichnung nur auf die Wirkung der Zahl geht, auf das, was durch ihre Division entsteht. Bei den alten Pythagoreern aber bezog sich die Benennung auf den Ursprung; also das Eins war deshalb gerade und ungerade, weil es aus beiden entstanden war.

Stobaeus führt fort:

περὶ δὲ φύσιος καὶ ἁρμονίας ὧδε ἔχει· ἁ μὲν ἐστὼ πραγμάτων ἀΐδιος ἔσσαι καὶ αὐτὰ μόνα φύσις θεία ἐντὶ (Meinek. conj.), καὶ οὐκ ἀνθρωπίναν ἐνδέχεται γνῶσιν, πλάν γα ἢ ὅτι οὐχ οἷόν τ' ἦς οὐθενὶ τῶν ἐόντων καὶ γιγνωσκομένων ὑφ' ἁμῶν γνωσθῆμεν, μὴ ὑπαρχοίσας τᾶς ἐστοῦς τῶν πραγμάτων ἐξ ὧν συνέστα ὁ κόσμος, καὶ τῶν περαινόντων καὶ τῶν ἀπείρων.

Nur leicht wird berührt, die Substanz der Dinge sei
ewig und diese Natur allein (doch wol die Substanz) sei
göttlich. Diese Wendung des Gedankens scheint stoischen
Ursprungs, denn noch Aristoteles nennt nur die Himmelskörper göttlich. Aber was bringt uns denn der übrige
Satz? „Das Wesen der Dinge lässt keine menschliche Erkenntniss zu, ausser wenn den Dingen das Wesen der
Dinge zu Grunde liegt, nämlich das Begrenzende und das
Unbegrenzte." Ist das etwas Neues? Das stand ja schon
im zweiten Stück. Aber in der Fassung dieser Stelle ist
es geradezu Unsinn. Der logische Inhalt ist: Das Wesen
der Dinge kann nicht erkannt werden, wenn es nicht da
ist. Wenn Schaarschmidt p. 68 zu dem Gedanken „wenn
es nicht da ist" in Klammern hinzufügt: „doch wol in
unserer Erkenntniss", so muss ich bemerken, dass davon
nichts im Texte steht. Ich sehe keinen Grund zu glauben, dass der Verfasser so etwas im Geiste gehabt. Bei
seiner Gedankenarmuth hätte er dies als tiefe Weisheit
aufzuzeichnen gewiss nicht unterlassen.

Bei Stobaeus heisst es weiter, und jetzt kommt
scheinbar etwas über den Begriff der Harmonie:

ἐπεὶ δὲ ταὶ ἀρχαὶ ὑπᾶρχον οὐχ ὅμοιαι οὐδ᾽ ὁμόγυλοι
ἔσσαι, ἤδη ἀδύνατον ἧς κα αὐτοῖς κοσμηθῆμεν, αἰ μὴ ἁρ-
μονία ἐπεγένετο, ᾦτινιῶν τρόπῳ ἐγένετο. τὰ μὲν ὦν ὅμοια
καὶ ὁμόφυλα ἁρμονίας οὐθὲν ἐπεδέοντο, τὰ δὲ ἀνόμοια μηδὲ
ὁμόφυλα μηδὲ ἰσολαχῆ ἀνάγκα τᾷ τοιαύτᾳ ἁρμονίᾳ συγκεκλεῖς-
θαι, αἱ μέλλοντι ἐν κόσμῳ κατέχεσθαι.

Sehen wir davon ab, dass ἀρχαὶ in der Bedeutung
Princip wol schwerlich pythagoreisch ist; selbst Plato
braucht im Philebus für seine vier Ursachen noch nicht
diesen Terminus. Mit den ἀρχαὶ kann der Verfasser doch
weiter nichts meinen, als die oben angegebenen περαίνοντα und ἄπειρα. Es ist wohl zu beachten, dass der
Plural περαίνοντα und ἄπειρον ebenso wie ἀρχαὶ ὅμοιαι

und ἀνόμοιοι anzeigt, dass der Verfasser nicht das πέρας und ἄπειρον, sondern eine Menge von Elementen für das Ursprüngliche gehalten; also auch die ihm bekannte· Atomentheorie anzubringen weiss. Aber angenommen, es sei περαῖνον und ἄπειρον geschrieben, so muss man bewundern, wie plötzlich der trockene Logiker der bisherigen Stücke von der göttlichen Muse entflammt in dichterische Sprache verfällt, als ob das blosse Wort der Harmonie auch ihn gleich in die Harmonie der Sphären zu versetzen vermöge. Denn er nennt die Principien ὅμοια, ὁμόφυλα, ἰσολαχῆ. Da im Anfang steht, weil die Principien nicht ähnlich waren, bedurfte es der Harmonie zum Ordnen, so wird jedem sofort einfallen, wie es auch aus Aristoteles sich zu ergeben scheint, dass die Harmonie das Begrenzende und Unbegrenzte mit einander band und so die Ordnung der Welt herstellte. Dagegen theilt der Verfasser die ἀρχαὶ in zwei Classen; die ὅμοια oder περαίνοντα bedürfen der Harmonie nicht; nur das Ungleiche wird durch die Harmonie zusammengeriegelt. Das ist doch seltsam. Kein Mensch, weder Plato noch Aristoteles noch ein neuerer, hat unter der Harmonie etwas anderes verstanden, als dass Mass in das Masslose, Ordnung in das Ungeordnete, Einheit in die Mannichfaltigkeit, Begrenzung in das Unbegrenzte eingeführt ist. Hier aber wird die Grenze abgeschieden. Wie kann denn die Harmonie das ἄπειρον ordnen ohne περαῖνον? Als ob die Harmonie als eine Kraft ausserhalb der Elemente stände? Sie ist doch nur das richtige Verhältniss der geordneten Elemente zu einander.

Nach meinem Dafürhalten ist das ganze Fragment absurd und nicht pythagoreisch.

Citate.

οἱ καλούμενοι Πυθαγόρειοι τῶν μαθημάτων ἁψάμενοι πρῶτοι ταῦτα προήγαγον, καὶ ἐντραφέντες ἐν αὐτοῖς τὰς 25 τούτων ἀρχὰς τῶν ὄντων ἀρχὰς ᾠήθησαν εἶναι πάντων. ἐπεὶ δὲ τούτων οἱ ἀριθμοὶ φύσει πρῶτοι, ἐν δὲ τοῖς ἀριθμοῖς ἐδόκουν θεωρεῖν ὁμοιώματα πολλὰ τοῖς οὖσι καὶ γιγνομένοις, μᾶλλον ἢ ἐν πυρὶ καὶ γῇ καὶ ὕδατι, ὅτι τὸ μὲν τοιονδὶ τῶν ἀριθμῶν πάθος δικαιοσύνη, τὸ δὲ τοιονδὶ ψυχὴ καὶ νοῦς, ἕτερον 30 δὲ καιρὸς καὶ τῶν ἄλλων ὡς εἰπεῖν ἕκαστον ὁμοίως, ἔτι δὲ τῶν ἁρμονιῶν ἐν ἀριθμοῖς ὁρῶντες τά πάθη καὶ τοὺς λόγους· ἐπειδὴ τὰ μὲν ἄλλα τοῖς ἀριθμοῖς ἐφαίνετο τὴν φύσιν ἀφωμοιῶσθαι πᾶσαν, οἱ δ'ἀριθμοὶ πάσης τῆς φύσεως πρῶτοι, τὰ τῶν ἀριθμῶν στοιχεῖα τῶν ὄντων στοιχεῖα πάντων εἶναι 986a ὑπέλαβον, καὶ τὸν ὅλον οὐρανὸν ἁρμονίαν εἶναι καὶ ἀριθμόν· καὶ ὅσα εἶχον ὁμολογούμενα δεικνύναι ἔν τε τοῖς ἀριθμοῖς καὶ ταῖς ἁρμονίαις πρὸς τὰ τοῦ οὐρανοῦ πάθη καὶ μέρη καὶ πρὸς 5 τὴν ὅλην διακόσμησιν, ταῦτα συνάγοντες ἐφήρμοττον. κἂν εἴ τί που διέλειπε, προσεγλίχοντο τοῦ συνειρομένην πᾶσαν αὐτοῖς εἶναι τὴν πραγματείαν. Λέγω δ' οἷον, ἐπειδὴ τέλειον ἡ δέκας εἶναι δοκεῖ καὶ πᾶσαν περιειληφέναι τὴν τῶν ἀριθμῶν φύσιν, καὶ τὰ φερόμενα κατὰ τὸν οὐρανὸν δέκα μὲν 10 εἶναί φασιν, ὄντων δὲ ἐννέα μόνον τῶν φανερῶν διὰ τοῦτο δεκάτην τὴν ἀντίχθονα ποιοῦσιν.

986. a. 15.

φαίνονται δὴ καὶ οὗτοι τὸν ἀριθμὸν νομίζοντες ἀρχὴν εἶναι καὶ ὡς ὕλην τοῖς οὖσι καὶ ὡς πάθη τε καὶ ἕξεις, τοῦ δὲ ἀριθμοῦ στοιχεῖα τό τε ἄρτιον καὶ τὸ περιττόν, τούτων δὲ τὸ μὲν πεπερασμένον τὸ δὲ ἄπειρον, τὸ δ'ἓν ἐξ ἀμφοτέρων εἶναι τούτων (καὶ γὰρ ἄρτιον εἶναι καὶ περιττόν), τὸν δ'ἀριθ- 20 μὸν ἐκ τοῦ ἑνός, ἀριθμοὺς δέ, καθάπερ εἴρηται, τὸν ὅλον οὐρανόν.

Ἕτεροι δὲ τῶν αὐτῶν τούτων τὰς ἀρχὰς δέκα λέγουσιν εἶναι τὰς κατὰ συστοιχίαν λεγομένας,

πέρας	. ἄπειρον
περιττὸν	ἄρτιον
ἕν	πλῆθος
δεξιὸν	ἀριστερόν
ἄρρεν	θῆλυ
ἠρεμοῦν	κινούμενον
25 εὐθὺ	καμπύλον
φῶς	σκότος
ἀγαθὸν	κακόν
τετράγωνον	ἑτερόμηκες.

ονπερ τρόπον ἔοικεκαὶ Ἀλκμαίων ὁ Κροτωνιάτης ὑπο-
λαβεῖν καὶ ἤτοι οὗτος παρ' ἐκείνων ἢ ἐκεῖνοι παρὰ τούτου
παρέλαβον τὸν λόγον τοῦτον· καὶ γὰρ ἐγένετο τὴν ἡλικίαν
30 Ἀλκμαίων ἐπὶ γέροντι Πυθαγόρᾳ, ἀπεφήνατο δὲ παραπλησίως τούτοις. φησὶ γὰρ εἶναι δύο τὰ πολλὰ τῶν ἀνθρωπίων,
λέγων τὰς ἐναντιότητας οὐχ ὥσπερ οὗτοι διωρισμένας ἀλλὰ
τὰς τυχούσας, οἷον λευκὸν μέγαν, γλυκὺ πικρόν, ἀγαθὸν κακόν,
μέγα μικρόν. οὗτος μὲν οὖν ἀδιορίστως ἐπέρριψε περὶ τῶν
965b. λοιπῶν, οἱ δὲ Πυθαγόρειοι καὶ πόσαι καὶ τίνες αἱ ἐναντιώσεις
ἀπεφήναντο. παρὰ μὲν οὖν τούτων τοσοῦτον ἔστι λαβεῖν,
ὅτι τἀναντία ἀρχαὶ τῶν ὄντων· τὸ δὲ ὅσαι παρὰ τῶν ἑτέρων,
5 καὶ τίνες αὐταί εἰσιν. πῶς μέντοι πρὸς τὰς εἰρημένας αἰτίας
ἐνδέχεται συναγαγεῖν, σαφῶς μὲν οὐ διήρθρωται παρ' ἐκείνων,
ἐοίκασι δ'ὡς ἐν ὕλης εἴδει τὰ στοιχεῖα τάττειν· ἐκ τούτων
γὰρ ὡς ἐνυπαρχόντων συνεστάναι καὶ πεπλάσθαι φασὶ τὴν
οὐσίαν.

τῶν μὲν οὖν παλαιῶν καὶ πλείω λεγόντων τὰ στοιχεῖα
τῆς φύσεως ἐκ τούτων ἱκανόν ἐστι θεωρῆσαι τὴν διάνοιαν
10 εἰσὶ δέ τινες οἳ περὶ τοῦ παντὸς ὡς ἂν μιᾶς οὔσης φύσεως
ἀπεφήναντο, τρόπον δὲ οὐ τὸν αὐτὸν πάντες οὔτε τοῦ καλῶς
οὔτε τοῦ κατὰ τὴν φύσιν. εἰς μὲν οὖν τὴν νῦν σκέψιν τῶν
αἰτίων οὐδαμῶς συναρμόττει περὶ αὐτῶν ὁ λόγος· οὐ γὰρ
ὥσπερ ἔνιοι τῶν φυσιολόγων ἓν ὑποθέμενοι τὸ ὂν ὅμως γεν-
15 νῶσιν ὡς ἐξ ὕλης τοῦ ἑνός, ἀλλ' ἕτερον τρόπον οὗτοι λέγου-
σιν· ἐκεῖνοι μὲν γὰρ προστιθέασι κίνησιν, γεννῶντές γε τὸ
πᾶν, οὗτοι δὲ ἀκίνητον εἶναί φασιν.

987. a. 9.

μέχρι μὲν οὖν τῶν Ἰταλικῶν καὶ χωρὶς ἐκείνων μετρι-
ώτερον εἰρήκασιν οἱ ἄλλοι περὶ αὐτῶν, πλὴν ὥσπερ εἴπομεν,
δυοῖν τε αἰτίαιν τυγχάνουσι κεχρημένοι, καὶ τούτων τὴν ἑτέραν
οἱ μὲν μίαν οἱ δὲ δύο ποιοῦσι, τὴν ὅθεν ἢ κίνησις· οἱ δὲ

Πυθαγόρειοι· δύο μὲν τὰς ἀρχὰς κατὰ τὸν αὐτὸν εἰρήκασι
τρόπον, τοσοῦτον δὲ προσεπέθεσαν, ὃ καὶ ἴδιόν ἐστιν αὐτῶν,
ὅτι τὸ πεπερασμένον καὶ τὸ ἄπειρον καὶ τὸ ἓν οὐχ ἑτέρας 15
τινὰς ᾠήθησαν εἶναι φύσεις, οἷον πῦρ ἢ γῆν ἤ τι τιιοῦτον
ἕτερον, ἀλλ' αὐτὸ τὸ ἄπειρον καὶ τὸ ἓν οὐσίαν τούτων ὧν
κατηγοροῦνται, διὸ καὶ ἀριθμὸν εἶναι τὴν οὐσίαν ἁπάντων.
περὶ οὖν τούτων οὖν τοῦτον ἀπεφήναντο τὸν τρόπον, καὶ
περὶ τοῦ τί ἐστιν ἤρξαντο μὲν λέγειν καὶ ὁρίζεσθαι, λίαν 20
δ' ἁπλῶς ἐπραγματεύθησαν. ὡρίζοντό τε γὰρ ἐπιπολαίως, καὶ
ᾧ πρώτῳ ὑπάρξειεν ὁ λεχθεὶς ὅρος, τοῦτ' εἶναι τὴν οὐσίαν
τοῦ πράγματος ἐνόμιζον, ὥσπερ εἴ τις οἴοιτο ταὐτὸν εἶναι διπλάσιον καὶ τὴν δυάδα, διότι πρῶτον ὑπάρχει τοῖς δυσὶ τὸ 25
διπλάσιον. ἀλλ' οὐ ταὐτὸν ἴσως ἐστὶ τὸ εἶναι διπλασίῳ καὶ
δυάδι. εἰ δὲ μή, πολλὰ τὸ ἓν ἔσται, ὃ καὶ ἐκείνοις συνέβαινεν.
Metaph. I. 6. 987. b. 10.
τὴν δὲ μέθεξιν τοὔνομα μόνον μετέβαλεν (sc. Πλάτων)·
οἱ μὲν γὰρ Πυθαγόρειοι μιμήσει τὰ ὄντα φασὶν εἶναι τῶν
ἀριθμῶν, Πλάτων δὲ μεθέξει, τοὔνομα μεταβαλών. τὴν μέντοι
γε μέθεξιν ἢ τὴν μίμησιν ἥτις ἂν εἴη τῶν εἰδῶν, ἀφεῖσαν ἐν
κοινῷ ζητεῖν.
987. b. 22.
τὸ μέντοι γε ἓν οὐσίαν εἶναι, καὶ μὴ ἕτερόν γέ τι ὂν
λέγεσθαι ἕν, παραπλησίως τοῖς Πυθαγορείοις ἔλεγε, καὶ τὸ τοὺς
ἀριθμοὺς αἰτίους εἶναι τοῖς ἄλλοις τῆς οὐσίας ὡσαύτως ἐκείνοις. 25
τὸ δὲ ἀντὶ τοῦ ἀπείρου ὡς ἑνὸς δυάδα ποιῆσαι, τὸ δὲ ἄπειρον ἐκ μεγάλου καὶ μικροῦ, τοῦτ' ἴδιον· καὶ ἔτι ὁ μὲν τοὺς
ἀριθμοὺς παρὰ τὰ αἰσθητά, οἱ δ' ἀριθμοὺς εἶναί φασιν αὐτὰ
τὰ πράγματα, καὶ τὰ μαθηματικὰ μεταξὺ τούτων οὐ τιθέασιν.
τὸ μὲν οὖν τὸ ἓν καὶ τοὺς ἀριθμοὺς παρὰ τὰ πράγματα ποιῆ- 30
σαι, καὶ μὴ ὥσπερ οἱ Πυθαγόρειοι, καὶ ἡ τῶν εἰδῶν εἰσα-
γωγὴ διὰ τὴν ἐν τοῖς λόγοις ἐγένετο σκέψιν (οἱ γὰρ πρότεροι
δαλεκτικῆς οὐ μετεῖχον).
Met. I. 7. 988. a. 23.
οἱ μὲν γὰρ ὡς ὕλην τὴν ἀρχὴν λέγουσιν, ...
οἷον . . οἱ Ἰταλικοὶ τὸ ἄπειρον.
Met. I. 8. 989. b. 29.
οἱ μὲν οὖν καλούμενοι Πυθαγόρειοι ταῖς μὲν ἀρχαῖς
καὶ τοῖς στοιχείοις ἐκτοπωτέροις χρῶνται τῶν φυσιολόγων.
τὸ δ' αἴτιον ὅτι παρέλαβον αὐτὰς οὐκ ἐξ αἰσθητῶν· τὰ γὰρ
μαθηματικὰ τῶν ὄντων ἄνευ κινήσεώς ἐστιν, ἔξω τῶν περὶ
τὴν ἀστρολογίαν. διαλέγονται μέντοι καὶ πραγματεύονται

περὶ φύσεως πάντα· γεννῶσί τε γὰρ τὸν οὐρανόν, καὶ περὶ
990a. τὰ τούτου μέρη καὶ τὰ πάθη καὶ τὰ ἔργα διατηροῦσι τὸ
συμβαῖνον, καὶ τὰς ἀρχὰς καὶ τὰ αἴτια εἰς ταῦτα καταναλίσκουσιν, ὡς ὁμολογοῦντες τοῖς ἄλλοις φυσιολόγοις ὅτι τό
γε ὂν τοῦτ᾽ ἐστὶν ὅσον αἰσθητόν ἐστι καὶ περιείληφεν ὁ κα-
5 λούμενος οὐρανός. τὰς δ᾽ αἰτίας καὶ τὰς ἀρχάς, ὥσπερ εἴπομεν, ἱκανὰς λέγουσιν ἐπαναβῆναι καὶ ἐπὶ τὰ ἀνωτέρω τῶν
ὄντων, καὶ μᾶλλον ἢ τοῖς περὶ φύσεως λόγοις ἁρμοττούσας.
ἐκ τίνος μέντοι τρόπου κίνησις ἔσται πέρατος καὶ ἀπείρου
μόνων ὑποκειμένων καὶ περιττοῦ καὶ ἀρτίου, οὐδὲν λέγουσιν,
10 ἢ πῶς δυνατὸν ἄνευ κινήσεως καὶ μεταβολῆς γένεσιν εἶναι
καὶ φθορὰν ἢ τὰ τῶν φερομένων ἔργα κατὰ τὸν οὐρανόν. ἔτι
δὲ εἴτε δοίη τις αὐτοῖς ἐκ τούτων εἶναι τὸ μέγεθος εἴτε
δειχθείη τοῦτο, ὅμως τίνα τρόπον ἔσται τὰ μὲν κοῦφα τὰ
δὲ βάρος ἔχοντα τῶν σωμάτων; ἐξ ὧν γὰρ ὑποτίθενται καὶ
15 λέγουσιν, οὐδὲν μᾶλλον περὶ τῶν μαθηματικῶν λέγουσι
σωμάτων ἢ περὶ τῶν αἰσθητῶν· διὸ περὶ πυρὸς ἢ γῆς ἢ τῶν
ἄλλων τῶν τοιούτων σωμάτων οὐδ᾽ ὁτιοῦν εἰρήκασιν, ἅτε
οὐδὲν περὶ τῶν αἰσθητῶν οἶμαι λέγοντες ἴδιον. ἔτι δὲ πῶς
δεῖ λαβεῖν αἴτια μὲν εἶναι τὰ τοῦ ἀριθμοῦ πάθη καὶ τὸν
20 ἀριθμὸν τῶν κατὰ τὸν οὐρανὸν ὄντων καὶ γιγνομένων καὶ
ἐξ ἀρχῆς καὶ νῦν, ἀριθμὸν δ᾽ ἄλλον μηδένα εἶναι παρὰ τὸν
ἀριθμὸν τοῦτον ἐξ οὗ συνέστηκεν ὁ κόσμος: ὅταν γὰρ ἐν
τῳδὶ μὲν τῷ μέρει δόξα καὶ καιρὸς αὐτοῖς ᾖ, μικρὸν δὲ ἄνωθεν ἢ κάτωθεν ἀδικία καὶ κρίσις ἢ μῖξις, ἀπόδειξιν δὲ λέγω-
25 σιν ὅτι τούτων μὲν ἓν ἕκαστον ἀριθμός ἐστι, συμβαίνει δὲ
κατὰ τὸν τόπον τοῦτον ἤδη πλῆθος εἶναι τῶν συνισταμένων
μεγεθῶν διὰ τὸ τὰ πάθη ταῦτα ἀκολουθεῖν τοῖς τόποις
ἑκάστοις, πότερον οὗτος ὁ αὐτός ἐστιν ἀριθμὸς ὁ ἐν τῷ οὐρανῷ,
ὃν δεῖ λαβεῖν ὅτι τούτων ἕκαστόν ἐστιν, ἢ παρὰ τοῦτον ἄλλος;

Met. III. (Β) 1. 996. a. 5.

ἔτι δὲ τὸ πάντων χαλεπώτατον καὶ πλείστην ἀπορίαν ἔχον,
πότερον τὸ ἓν καὶ τὸ ὄν, καθάπερ οἱ Πυθαγόρειοι καὶ Πλάτων ἔλεγεν, οὐχ ἕτερόν τί ἐστιν ἀλλ᾽ οὐσία τῶν ὄντων, ἢ οὔ,
ἀλλ᾽ ἕτερόν τι τὸ ὑποκείμενον.

III. 4. 1001. a. 9.

Πλάτων μὲν γὰρ καὶ οἱ Πυθαγόρειοι οὐχ ἕτερόν τι τὸ
ὂν οὐδὲ τὸ ἕν, ἀλλὰ τοῦτο αὐτῶν τὴν φύσιν εἶναι, ὡς οὔσης
τῆς οὐσίας αὐτὸ τὸ ἓν εἶναι καὶ ὄν τι.

III. 5. 1002. a. 8.

οἱ μὲν πολλοὶ καὶ οἱ πρότεροι τὴν οὐσίαν καὶ τὸ ὄν

ᾦοντο τὸ σῶμα εἶναι, τὰ δ'ἄλλα τούτου πάθη, ὥστε καὶ τὰς
ἀρχάς οἱ δ'ὕστερον καὶ σοφώτεροι τούτων εἶναι δόξαντες
ἀριθμούς.

Met. VII. 1. 1028. b. 15.

δοκεῖ δέ τισι τὰ τοῦ σώματος πέρατα, οἷον ἐπιφάνεια
καὶ γραμμὴ καὶ στιγμὴ καὶ μονάς, εἶναι οὐσίαι, καὶ μᾶλλον
ἢ τὸ σῶμα καὶ τὸ στερεόν. ἔτι παρὰ τὰ αἰσητὰ οὐκ οἴονται
εἶναι οὐδὲν τοιοῦτον.

VII. 11. 1036. b. 8.

ἀποροῦσί τινες ἤδη καὶ ἐπὶ τοῦ κύκλου καὶ τοῦ τριγώ-
νου, ὡς οὐ προςῆκον γραμμιαῖς ὁρίζεσθαι καὶ τῷ συνεχεῖ,
ἀλλὰ πάντα ταῦτα ὁμοίως λέγεσθαι ὡσανεὶ σάρκες ἢ ὀστᾶ
τοῦ ἀνθρώπου καὶ χαλκός καὶ λίθος τοῦ ἀνδριάντος. καὶ ἀν-
άγουσι πάντα εἰς τοὺς·ἀριθμούς, καὶ γραμμῆς τὸν λόγον τὸν
τῶν δύο εἶναί φασιν.

VII. 11. 1036. b. 17.

συμβαίνει δὴ ἕν τε πολλῶν εἶδος εἶναι, ὧν τὸ εἶδος
φαίνεται ἕτερον, ὅπερ καὶ τοῖς Πυθαγορείοις συνέβαινεν.

Met. VIII. 2. 1043. a. 21.

ὁμοίως δὲ καὶ οἵους Ἀρχύτας ἀπεδέχετο ὅρους· τοῦ συν-
άμφω (ὕλης καὶ ἐνεργείας) γάρ εἰσιν. οἷον τί ἐστι νηνεμία;
ἠρεμία ἐν πλήθει ἀέρος· ὕλη μὲν ὁ ἀὴρ, ἐνέργεια δὲ καὶ
οὐσία ἡ ἠρεμία. τί ἐστι γαλήνη; ὁμαλότης θαλάττης· τὸ μὲν
ὑποκείμενον ὡς ὕλη ἡ θάλαττα, ἡ δ' ἐνέργεια καὶ ἡ μορφὴ
ἡ ὁμαλότης.

Met. X. 2. 1053. b. 9.

κατὰ δὲ τὴν οὐσίαν καὶ τὴν φύσιν ζητητέον ποτέρως
ἔχει, ... πότερον ὡς οὐσίας τινὸς οὔσης αὐτοῦ τοῦ ἑνός·
καθάπερ οἵ τε Πυθαγόρειοί φασι πρότερον καὶ Πλάτων
ὕστερον.

Met. XII, 7. 1072. b. 30.

ὅσοι δὲ ὑπολαμβάνουσιν, ὥσπερ οἱ Πυθαγόρειοι καὶ
Σπεύσιππος, τὸ κάλλιστον μὴ ἐν ἀρχῇ εἶναι, διὰ τὸ καὶ τῶν
φυτῶν καὶ τῶν ζῴων τὰς ἀρχὰς αἴτια μὲν εἶναι, τὸ δὲ καλὸν
καὶ τέλειον ἐν τοῖς ἐκ τούτων, οὐκ ὀρθῶς οἴονται.

Met. XIII. 4. 1078. b. 21.

οἱ δὲ Πυθαγόρειοι πρότερον περί τινων ὀλίγων, ὧν τοὺς
λόγους εἰς τοὺς ἀριθμοὺς ἀνῆπτον, οἷον τί ἐστι καιρὸς ἢ τὸ
δίκαιον ἢ γάμος.

6

XIII. 6. 1080. b. 16.

καὶ οἱ Πυθαγόρειοι δ'ἕνα, τὸν μαθηματικόν, πλὴν οὐ κεχωρισμένον ἀλλ' ἐκ τούτου τὰς αἰσθητὰς οὐσίας συνεστάναι φασίν· τὸν γὰρ ὅλον οὐρανὸν κατασκευάζουσιν, ἐξ ἀριθμῶν πλὴν οὐ μοναδικῶν, ἀλλὰ τὰς μονάδας ὑπολαμβάνουσιν ἔχειν μέγεθος· ὅπως δὲ τὸ πρῶτον ἕν συνέστη ἔχον μέγεθος, ἀπορεῖν ἐοίκασιν.

1080. b. 30.

μοναδικοῖς δὲ τοῖς ἀριθμοῖς εἶναι πάντες τιθέασι, πλὴν τῶν Πυθαγορείων, ὅσοι τὸ ἕν στοιχεῖον καὶ ἀρχήν φασιν εἶναι τῶν ὄντων· ἐκεῖνοι δ'ἔχοντας μέγεθος, καθάπερ εἴρηται πρότερον.

XIII. 8. 1083. b. 8.

ὁ δὲ τῶν Πυθαγορείων τρόπος·τῇ μὲν ἐλάττους ἔχει
10 δυσχερείας τῶν πρότερον εἰρημένων, τῇ δὲ ἰδίας ἑτέρας. τὸ μὲν γὰρ μὴ χωριστὸν ποιεῖν τὸν ἀριθμὸν ἀφαιρεῖται πολλὰ τῶν ἀδυνάτων· τὸ δὲ τὰ σώματι ἐξ ἀριθμῶν εἶναι συγκείμενα, καὶ τὸν ἀριθμὸν τοῦτον εἶναι μαθηματικόν, ἀδύνατόν ἐστιν. οὔτε γὰρ ἄτομα μεγέθη λέγειν ἀληθές· εἴθ' ὅτι μάλιστα
15 τοῦτον ἔχει τὸν τρόπον, οὐχ αἵ γε μονάδες μέγεθος ἔχουσιν· μέγεθος δ'ἐξ ἀδιαιρέτων συγκεῖσθαι πῶς δυνατόν; ἀλλὰ μὴν ὁ γ'ἀριθμητικὸς ἀριθμὸς μοναδικός ἐστιν. ἐκεῖνοι δὲ τὸν ἀριθμὸν τὰ ὄντα λέγουσιν· τὰ γοῦν θεωρήματα προσάπτουσι τοῖς σώμασιν ὡς ἐξ ἐκείνων ὄντων τῶν ἀριθμῶν.

Met. XIII. 8. 1084. a. 12.

εἰ μέχρι τῆς δεκάδος ὁ ἀριθμός, ὥσπερ τινές φασιν . . .
geg. d. Platonk., indir. geg. d. Pythag.

Met. XIV. 3. 1090. a. 20.

οἱ δὲ Πυθαγόρειοι διὰ τὸ ὁρᾶν πολλὰ τῶν ἀριθμῶν
25 πάθη ὑπάρχοντα τοῖς αἰσθητοῖς σώμασιν, εἶναι μὲν ἀριθμοὺς ἐποίησαν τὰ ὄντα, οὐ χωριστοὺς δὲ, ἀλλ' ἐξ ἀριθμῶν τὰ ὄντα. διὰ τί δέ; ὅτι τὰ πάθη τὰ τῶν ἀριθμῶν ἐν ἁρμονίᾳ ὑπάρχει
30 καὶ ἐν τῷ οὐρανῷ καὶ ἐν πολλοῖς ἄλλοις. . . . . οἱ μὲν οὖν Πυθαγόρειοι κατὰ μὲν τὸ τοιοῦτον οὐδενὶ (τὰ μαθηματικὰ κεχώρισαι) ἔνοχοί εἰσιν· κατὰ μέντοι τὸ ποιεῖν ἐξ ἀριθμῶν τὰ φυσικὰ σώματα, ἐκ μὴ ἐχόντων βάρος μηδὲ κουφότητα ἔχοντα κουφότητα καὶ βάρος, ἐοίκασι περὶ ἄλλου οὐρανοῦ λέγειν καὶ σωμάτων ἀλλ' οὐ τῶν αἰσθητῶν.

1090. b. 5.

εἰσὶ δέ τινες οἳ ἐκ τοῦ πέρατα εἶναι καὶ ἔσχατα τὴν

στιγμὴν μὲν γραμμῆς, ταύτην δ'ἐπιπέδου, τοῦτο δὲ τοῦ στερεοῦ, οἷαι εἶναι ἀνάγκην τοιαύτας φύσεις εἶναι.
1091.a. 13.

οἱ μὲν οὖν Πυθαγόρειοι πότερον οὐ ποιοῦσιν ἢ ποιοῦσι γένεσιν οὐδὲν δεῖ διαπάζειν· φανερῶς γὰρ λέγουσιν ὡς τοῦ ἑνὸς συσταθέντος, εἴτ' ἐξ ἐπιπέδων εἴτ' ἐκ χροιᾶς εἴτ' ἐκ σπέρματος εἴτ' ἐξ ὧν ἀποροῦσιν εἰπεῖν, εὐθὺς τὸ ἔγγιστα τοῦ ἀπείρου ὅτι εἵλκετο καὶ ἐπεραίνετο ὑπὸ τοῦ πέρατος. ἀλλ' ἐπειδὴ κοσμοποιοῦσι καὶ φυσικῶς βούλονται λέγειν, δίκαιον αὐτοὺς ἐξετάζειν τι περὶ φύσεως.
XIV. 5. 1092. b. 8.

οὐδὲν δὲ διώρισται οὐδὲ ὁποτέρως οἱ ἀριθμοὶ αἴτιοι τῶν οὐσιῶν καὶ τοῦ εἶναι, πότερον ὡς ὅροι, οἷον αἱ στιγμαὶ τῶν μεγεθῶν, καὶ ὡς Εὔρυτος ἔταττε τίς ἀριθμὸς τίνος, οἷον ὁδὶ 10 μὲν ἀνθρώπου, ὁδὶ δὲ ἵππου, ὥσπερ οἱ τοὺς ἀριθμοὺς ἄγοντες εἰς τὰ σχήματα τρίγωνον καὶ τετράγωνον, οὕτως ἀφομοιῶν τοῖς ψήφοις τὰς μορφὰς τῶν φυτῶν.
Met. XIV. 6. 1092. b. 26.

Ἀπορήσειε δ'ἄν τις καὶ τί τὸ εὖ ἐστι τὸ ἀπὸ τῶν ἀριθμῶν, τὸ ἐν ἀριθμῷ εἶναι τὴν μῖξιν, ἢ ἐν εὐλογίστῳ ἢ ἐν περιττῷ. νυνὶ γὰρ οὐθὲν ὑγιεινότερον τρὶς τρία ἂν ᾖ τὸ μελίκρατον κεκραμένον, ἀλλὰ μᾶλλον ὠφελήσειεν ἂν ἐν οὐθενὶ 30 λόγῳ ὂν ὑδαρὲς δὲ ἢ ἐν ἀριθμῷ ἄκρατον ὄν. ἔτι οἱ λόγοι ἐν προσθέσει ἀριθμῶν εἰσιν, οἱ τῶν μίξεων, οὐκ ἐν ἀριθμοῖς, οἷον τρία πρὸς δύο, ἀλλ' οὐ τρὶς δύο. τὸ γὰρ αὐτὸ δεῖ γένος εἶναι ἐν ταῖς πολλαπλασιώσεσιν. ὥστε δεῖ μετρεῖσθαι τῷ τε Α τὸν στοῖχον ἐφ' οὗ ΑΒΓ καὶ τῷ Δ τὸν ΔΕΖ· ὥστε τῷ 35 αὐτῷ πάντα. οὐκοῦν ἔσται πυρὸς ΒΕΓΖ, καὶ ὕδατος ἀριθμὸς δίς τρία. εἰ δ'ἀνάγκη πάντα ἀριθμοῦ κοινωνεῖν, ἀνάγκη πολλὰ συμβαίνειν τὰ αὐτά, καὶ ἀριθμὸν τὸν αὐτὸν τῇδε καὶ ἄλλῳ. ἆρ' οὖν τοῦτ' αἴτιον καὶ διὰ τοῦτό ἐστι τὸ πρᾶγμα, ἢ ἄδηλον; οἷον ἔστι τις τῶν τοῦ ἡλίου φορῶν ἀριθμός, καὶ 5 πάλιν τῶν τῆς σελήνης, καὶ τῶν ζώων γε ἑκάστου τοῦ βίου καὶ ἡλικίας· τί οὖν κωλύει ἐνίους μὲν τούτων τετραγώνους εἶναι, ἐνίους δὲ κύβους καὶ ἴσους, τοὺς δὲ διπλασίους; οὐδὲν γὰρ κωλύει, ἀλλ' ἀνάγκη ἐν τούτοις στρέφεσθαι, εἰ ἀριθμοῦ πάντα ἐκοινώνει, ἐνεδέχετό τε τὰ διαφέροντα ὑπὸ τὸν αὐτὸν ἀριθμὸν 10 πίπτειν. ὥστ' εἴ τισιν ὁ αὐτὸς ἀριθμὸς συμβεβήκει, ταῦτὰ ἂν ἦν ἀλλήλοις ἐκεῖνα τὸ αὐτὸ εἶδος ἀριθμοῦ ἔχοντα, οἷον ἥλιος καὶ σελήνη τὰ αὐτά. ἀλλὰ διὰ τί αἴτια ταῦτα; ἑπτὰ

5*

μὲν φωνήεντα, ἑπτὰ δὲ χορδαὶ ἢ ἁρμονίαι, ἑπτὰ δὲ αἱ
15 πλειάδες, ἐν ἑπτὰ δὲ ὀδόντας βάλλει ἔνιά γε, ἔνια δ᾿ οὔ·
ἑπτὰ δὲ οἱ ἐπὶ Θήβας. ἆρ᾿ οὖν ὅτι τοιοσδὶ ὁ ἀριθμὸς πέφυ-
κεν, διὰ τοῦτο ἢ ἐκεῖνοι ἑπτὰ ἢ ἡ πλειὰς ἑπτὰ ἀστέρων
ἐστίν; ἢ οἱ μὲν διὰ τὰς πύλας ἢ ἄλλην τινὰ αἰτίαν, τὴν δὲ
ἡμεῖς οὕτως ἀριθμοῦμεν· τὴν δὲ ἄρκτον γε δώδεκα, οἱ δὲ
20 πλείους. ἐπεὶ καὶ τὸ Ξ Ψ Ζ συμφωνίας φασὶν εἶναι, καὶ ὅτι
ἐκεῖναι τρεῖς, καὶ ταῦτα τρία· ὅτι δὲ μυρία ἂν εἴη τοιαῦτα,
οὐθὲν μέλει· τὸ γὰρ Γ καὶ Ρ εἴη ἂν ἓν σημεῖον. εἰ δ᾿ ὅτι
διπλάσιον τῶν ἄλλων ἕκαστον, ἄλλο δ᾿ οὔ, αἴτιον δ᾿ ὅτι τριῶν
ὄντων τόπων ἓν ἐφ᾿ ἑκάστου ἐπιφέρεται τῷ σίγμα, διὰ τοῦτο
25 τρία μόνον ἐστίν, ἀλλ᾿ οὐχ ὅτι αἱ συμφωνίαι τρεῖς, ἐπεὶ
πλείους γε αἱ συμφωνίαι· ἐνταῦθα δ᾿ οὐκέτι δύναται.
ὅμοιοι δὴ καὶ οὗτοι τοῖς ἀρχαίοις Ὁμηρικοῖς, οἳ μικρὰς
ὁμοιότητας ὁρῶσι, μεγάλας δὲ παρορῶσιν. λέγουσι δέ τινες
ὅτι πολλὰ τοιαῦτα, οἷον αἵ τε μέσαι ἡ μὲν ἐννέα ἡ δὲ ὀκτώ,
καὶ τὸ ἔπος δεκαεπτά, ἰσάριθμον τούτοις· βαίνεται δ᾿ ἐν μὲν
1093 b τῇ δεξιᾷ ἐννέα συλλαβαῖς, ἐν δὲ τῇ ἀριστερῷ ὀκτώ. καὶ
ὅτι ἴσον τὸ διάστημα ἔν τε τοῖς γράμμασιν ἀπὸ τοῦ Α πρὸς
τὸ Ω, καὶ ἀπὸ τοῦ βόμβυκος ἐπὶ τὴν ὀξυτάτην νεάτην ἐν
αὐλοῖς, ἧς ὁ ἀριθμὸς ἴσος τῇ οὐλυμελείᾳ τοῦ οὐρανοῦ. ὁρᾶν
5 δὲ δεῖ μὴ τοιαῦτα οὐδεὶς ἂν ἀπορήσειεν οὔτε λέγειν οὔτ᾿
εὑρίσκειν ἐν τοῖς ἀιδίοις, ἐπεὶ καὶ ἐν τοῖς φθαρτοῖς. ἀλλ᾿
αἱ ἐν τοῖς ἀριθμοῖς φύσεις αἱ ἐπαινούμεναι καὶ τὰ τούτοις
ἐναντία καὶ ὅλως τὰ ἐν τοῖς μαθήμασιν, ὡς μὲν λέγουσί τινες
καὶ αἴτια ποιοῦσι τῆς φύσεως, ἔοικεν οὑτωσί γε σκοπουμένοις
10 διαφεύγειν· κατ᾿ οὐθένα γὰρ τρόπον τῶν διωρισμένων περὶ
τὰς ἀρχὰς οὐθὲν αὐτῶν αἴτιόν ἐστιν. ἐκεῖνο μέντοι ποιοῦσι
φανερὸν ὅτι τὸ εὖ ὑπάρχει καὶ τῆς συστοιχίας ἐστὶ τῆς τοῦ
καλοῦ τὸ περιττόν, τὸ εὐθύ, τὸ ἴσον, αἱ δυνάμεις ἐνίων
15 ἀριθμῶν· ἅμα γὰρ ὧραι καὶ ἀριθμὸς τοιοσδί· καὶ τἆλλα δὴ
ὅσα συνάγουσιν ἐκ τῶν μαθηματικῶν θεωρημάτων πάντα
ταύτην ἔχει τὴν δύναμιν. διὸ καὶ ἔοικε συμπτώμμασιν·
ἔστι γὰρ συμβεβηκότα μέν, ἀλλ᾿ οἰκεῖα ἀλλήλοις πάντα,
ἓν δὲ τὸ ἀνάλογον· ἐν ἑκάστῃ γὰρ τοῦ ὄντος κατη-
20 γορίᾳ ἐστὶ τὸ ἀνάλογον, ὡς εὐθὺ ἐν μήκει, οὕτως ἐν πλάτει
τὸ ὁμαλὸν ἴσως, ἐν ἀριθμῷ τό περιττόν, ἐν δὲ χρόᾳ τὸ
λευκόν.

Physica. III. 4. 203. a. 1.

πάντες οἱ δοκοῦντες ἀξιολόγως ἧφθαι τῆς τοιαύτης φι-
λοσοφίας πεποίηνται λόγον περὶ τοῦ ἀπείρου καὶ πάντες ὡς

ἀρχήν τινὰ τιθέασι τῶν ὄντων, οἱ μέν, ὥσπερ οἱ Πυθαγόρειοι καὶ Πλάτων, καθ' αὐτό, οὐχ ὡς συμβεβηκός τινι
ἑτέρῳ ἀλλ' οὐσίαν αὐτὸ ὃν τὸ ἄπειρον. πλὴν οἱ μὲν
Πυθαγόρειοι ἐν τοῖς αἰσθητοῖς (οὐ γὰρ χωριστὸν ποιοῦσιν
τὸν ἀριθμόν), καὶ εἶναι τὸ ἔξω τοῦ οὐρανοῦ ἄπειρον . . . .
καὶ οἱ μὲν τὸ ἄπειρον εἶναι τὸ ἄρτιον· τοῦτο γὰρ ἐναπολαμβανόμενον καὶ ὑπὸ τοῦ περιττοῦ περαινόμενον παρέχειν
τοῖς οὖσι τὴν ἀπειρίαν· σημεῖον δ'εἶναι τούτου τὸ συμβαῖνον
ἐπὶ τῶν ἀριθμῶν· περιτιθεμένων γὰρ τῶν γνωμόνων περὶ
τὸ ἓν καὶ χωρὶς ὅτε μὲν ἄλλο ἀεὶ γίγνεσθαι τὸ εἶδος', ὅτε
δὲ ἕν.
IV. 6. 213. b. 22.

εἶναι δ'ἔφασαν καὶ οἱ Πυθαγόρειοι κενόν, καὶ ἐπεισιέναι
αὐτῷ 1) τῷ οὐρανῷ ἐκ τοῦ ἀπείρου πνεύματος ὡς ἀναπνέοντι
καὶ τὸ κενόν, ὃ διορίζει τὰς φύσεις, ὡς ὄντος τοῦ κενοῦ
χωρισμοῦ τινὸς τῶν ἐφεξῆς καὶ διορίσεως· 2) καὶ τοῦτ' εἶναι
πρῶτον ἐν τοῖς ἀριθμοῖς· τὸ γὰρ κενὸν διορίζειν τὴν φύσιν
αὐτῶν.
de coelo. II. 9.

φανερὸν δ'ἐκ τούτων, ὅτι καὶ τὸ φάναι γίνεσθαι φερομένων (τῶν ἄστρων) ἁρμονίαν, ὡς συμφώνων γινομένων τῶν
ψόφων, κομψῶς μὲν εἴρηται καὶ περιττῶς ὑπὸ τῶν εἰπόντων,
οὐ μὴν οὕτως ἔχει πληθές. δοκεῖ γάρ τισιν ἀναγκαῖον εἶναι,
τηλικούτων φερομένων σωμάτων γίγνεσθαι ψόφον, ἐπεὶ καὶ
τῶν παρ' ἡμῖν οὔτε τοὺς ὄγκους ἐχόντων ἴσους οὔτε τοιούτῳ
τάχει φερομένων· ἡλίου δὲ καὶ σελήνης, ἔτι δὲ τοσούτων τὸ
πλῆθος ἄστρων καὶ τὸ μέγεθος φερομένων τῷ τάχει τοι-
αύτην φοράν, ἀδύνατον μὴ γίγνεσθαι ψόφον ἀμήχανόν τινα
τὸ μέγεθος. ὑποθέμενοι δὲ ταῦτα καὶ τὰς ταχύτητας ἐκ τῶν
ἀποστάσεων ἔχειν τοὺς τῶν συμφωνιῶν λόγους, ἐναρμόνιόν
φασι γίνεσθαι τὴν φωνὴν φερομένων κύκλῳ τῶν ἄστρων.
ἐπεὶ δ'ἄλογον ἐδόκει τὸ μὴ συνακούειν ἡμᾶς τῆς φωνῆς ταύ-
της, αἴτιον τούτου φασὶν εἶναι τὸ γενομένοις εὐθὺς ὑπάρχειν
τὸν ψόφον, ὥστε μὴ διάδηλον εἶναι πρὸς τὴν ἐναντίαν σιγήν·
πρὸς ἄλληλα γὰρ φωνῆς καὶ σιγᾶς εἶναι τὴν διάγνωσιν, ὥστε
καθάπερ τοῖς χαλκοτύποις διὰ συνήθειαν οὐδὲν δοκεῖ διαφέ-
ρειν, καὶ τοῖς ἀνθρώποις ταὐτὸ συμβαίνειν.

---

1) αὐτῷ Prantl. Bonitz.
2) τῆς ante διορίσεως delevit Bonitz A. St. I. 26.

II. 13.

τῶν πλείστων ἐπὶ τοῦ μέσου κεῖσθαι λεγόντων (sc. τὴν γῆν) . . ἐναντίως οἱ περὶ τὴν Ἰταλίαν, καλούμενοι δὲ Πυθαγόρειοι λέγουσιν· ἐπὶ μὲν γὰρ τοῦ μέσου πῦρ εἶναί φασι, τὴν δὲ γῆν ἓν τῶν ἄστρων οὖσαν κύκλῳ φερομένην περὶ τὸ μέσον νύκτα τε καὶ ἡμέραν ποιεῖν. ἔτι δ᾽ ἐναντίαν ἄλλην ταύτῃ κατασκευάζουσι γῆν, ἣν ἀντίχθονα ὄνομα καλοῦσιν, οὐ πρὸς τὰ φαινόμενα τοὺς λόγους καὶ τὰς αἰτίας ζητοῦντες, ἀλλὰ πρός τινας λόγους καὶ δόξας αὑτῶν τὰ φαινόμενα προσέλκοντες καὶ πειρώμενοι συγκοσμεῖν, πῇ γὰρ τιμιωτάτῳ οἴονται προσήκειν τὴν τιμιωτάτην ὑπάρχειν χώραν, εἶναι δὲ πῦρ μὲν γῆς τιμιώτερον, τὸ δὲ πέρας τῶν μεταξύ, τὸ δ᾽ ἔσχατον καὶ τὸ μέσον πέρας . . . ἔτι δ᾽ οἵ γε Πυθαγόρειοι καὶ διὰ τὸ μάλιστα προσήκειν φυλάττεσθαι τὸ κυριώτατον τοῦ παντός· τὸ δὲ μέσον εἶναι τοιοῦτον· ὃ Διὸς φυλακὴν ὀνομάζουσι, τὸ ταύτην ἔχον τὴν χώραν πῦρ.

293. b. 19.

(τὴν γῆν φασί) κινεῖσθαι κύκλῳ περὶ τὸ μέσον, οὐ μόνον δὲ ταύτην ἀλλὰ καὶ τὴν ἀντίχθονα.

293. b. 21.

ἐνίοις δὲ δοκεῖ καὶ πλείω σώματα τοιαῦτα ἐνδέχεσθαι φέρεσθαι περὶ τὸ μέσον, ἡμῖν δὲ ἄδηλα διὰ τὴν ἐπιπρόσθησιν τῆς γῆς. διὸ καὶ τὰς τῆς σελήνης ἐκλείψεις πλείους ἢ τὰς τοῦ ἡλίου γίγνεσθαί φασιν· τῶν γὰρ φερομένων ἕκαστον ἀντιφράττειν αὐτήν, ἀλλ᾽ οὐ μόνον τὴν γῆν.

III. 1. ext.

ἔνιοι γὰρ τὴν φύσιν ἐξ ἀριθμῶν συνιστᾶσιν ὥσπερ τῶν Πυθαγορείων τινές. nicht durchzuführen: τὰ μὲν γὰρ φυσικὰ σώματα φαίνεται βάρος ἔχοντι καὶ κουφότητα, τὰς δὲ μονάδας οὔτε σῶμα ποιεῖν οἵόν τε συντιθεμένας οὔτε βάρος ἔχειν.

de anima. I. 2. 404. a. 16.

ἔφασαν γάρ τινες αὐτῶν (τῶν Πυθ.) ψυχὴν εἶναι τὰ ἐν τῷ ἀέρι ξύσματα, οἱ δὲ τὸ ταῦτα κινοῦν.

405. a. 29.

φησὶ γὰρ (Ἀλκμαίων) αὐτὴν (τὴν ψυχὴν) ἀθάνατον εἶναι διὰ τὸ ἐοικέναι τοῖς ἀθανάτοις, τοῦτο δ᾽ ὑπάρχειν αὐτῇ ὡς ἀεὶ κινουμένῃ· κινεῖσθαι γὰρ καὶ τὰ θεῖα πάντα συνεχῶς ἀεί, σελήνην, ἥλιον, τοὺς ἀστέρας καὶ τὸν οὐρανὸν ὅλον.

I. 3. ext.

οἱ δὲ μόνον ἐπιχειροῦσι λέγειν ποῖόν τι ἡ ψυχή, περὶ

δὲ τοῦ δεξομένου σώματος οὐδὲν ἔτι προσδιορίζουσιν, ὥσπερ ἐνδεχόμενον κατὰ τοὺς Πυθαγορικοὺς μύθους τὴν τυχοῦσαν ψυχὴν εἰς τὸ τυχὸν ἐνδύεσθαι σῶμα.

I. 4. Anf.

καὶ ἄλλη δέ τις δόξα παραδέδοται περὶ ψυχῆς . . . ἁρμονίαν γάρ τινα αὐτὴν λέγουσι· καὶ γὰρ τὴν ἁρμονίαν κρᾶσιν καὶ σύνθεσιν ἐναντίων εἶναι, καὶ τὸ σῶμα συγκεῖσθαι ἐξ ἐναντίων.

Polit. VIII. 5. 1340. kl. Ansg. 139.

διὸ πολλοί φασι τῶν σοφῶν οἳ μὲν ἁρμονίαν εἶναι τὴν ψυχήν, οἳ δ᾽ ἔχειν ἁρμονίαν.

Eth. Nic. I. 4. 1096. b. 5.

πιθανώτερον δ᾽ ἐοίκασιν οἱ Πυθαγόρειοι λέγειν περὶ αὐτοῦ, τιθέντες ἐν τῇ τῶν ἀγαθῶν συστοιχίᾳ τὸ ἕν.

II. 5. 1106. b. 29.

τὸ γὰρ κακὸν τοῦ ἀπείρου, ὡς οἱ Πυθαγόρειοι εἴκαζον, τὸ δ᾽ ἀγαθὸν τοῦ πεπερασμένου.

V. 8.

δοκεῖ δέ τισι καὶ τὸ ἀντιπεπονθὸς εἶναι ἁπλῶς δίκαιον, ὥσπερ οἱ Πυθαγόρειοι ἔφασαν· ὡρίζοντο γὰρ ἁπλῶς τὸ δίκαιον τὸ ἀντιπεπονθὸς ἄλλῳ.

Rhetor. III. 11. 1412. a. 12.

Ἀρχύτας ἔφη ταὐτὸν εἶναι διαιτητὴν καὶ βωμόν· ἐπ᾽ ἄμφω γὰρ τὸ ἀδικούμενον καταφεύγει.

Druck von Gebrüder Grunert in Berlin, Zimmer-Str. 91.

Das

System der Pythagoreer

nach den

Angaben des Aristoteles

von

Adolf Rothenbücher.

Berlin.
Verlag von L. Heimann.
1867.